Nebiha Ben Sedrine

Propriétés Optiques et Electroniques de GaAsN, GaAsSb et GaAsNSb

Nebiha Ben Sedrine

Propriétés Optiques et Electroniques de GaAsN, GaAsSb et GaAsNSb

Alliages semiconducteurs nitrurés dilués pour l'optoélectronique

Presses Académiques Francophones

Impressum / Mentions légales
Bibliografische Information der Deutschen Nationalbibliothek: Die Deutsche Nationalbibliothek verzeichnet diese Publikation in der Deutschen Nationalbibliografie; detaillierte bibliografische Daten sind im Internet über http://dnb.d-nb.de abrufbar.
Alle in diesem Buch genannten Marken und Produktnamen unterliegen warenzeichen-, marken- oder patentrechtlichem Schutz bzw. sind Warenzeichen oder eingetragene Warenzeichen der jeweiligen Inhaber. Die Wiedergabe von Marken, Produktnamen, Gebrauchsnamen, Handelsnamen, Warenbezeichnungen u.s.w. in diesem Werk berechtigt auch ohne besondere Kennzeichnung nicht zu der Annahme, dass solche Namen im Sinne der Warenzeichen- und Markenschutzgesetzgebung als frei zu betrachten wären und daher von jedermann benutzt werden dürften.

Information bibliographique publiée par la Deutsche Nationalbibliothek: La Deutsche Nationalbibliothek inscrit cette publication à la Deutsche Nationalbibliografie; des données bibliographiques détaillées sont disponibles sur internet à l'adresse http://dnb.d-nb.de.
Toutes marques et noms de produits mentionnés dans ce livre demeurent sous la protection des marques, des marques déposées et des brevets, et sont des marques ou des marques déposées de leurs détenteurs respectifs. L'utilisation des marques, noms de produits, noms communs, noms commerciaux, descriptions de produits, etc, même sans qu'ils soient mentionnés de façon particulière dans ce livre ne signifie en aucune façon que ces noms peuvent être utilisés sans restriction à l'égard de la législation pour la protection des marques et des marques déposées et pourraient donc être utilisés par quiconque.

Coverbild / Photo de couverture: www.ingimage.com

Verlag / Editeur:
Presses Académiques Francophones
ist ein Imprint der / est une marque déposée de
AV Akademikerverlag GmbH & Co. KG
Heinrich-Böcking-Str. 6-8, 66121 Saarbrücken, Deutschland / Allemagne
Email: info@presses-academiques.com

Herstellung: siehe letzte Seite /
Impression: voir la dernière page
ISBN: 978-3-8381-7293-4

Propriétés Optiques et Electroniques de GaAsN, GaAsSb et GaAsNSb

Nébiha Ben Sedrine

Remerciements

L'aventure a commencé en Mai 2005 au Laboratoire de Photovoltaïque, des Semiconduceurs et des Nanostructures (LPVSN) du Centre des Recherches et des Technologies de l'Energie (CRTEn) au Technopôle de Borj Cedria (Tunisie), par un stage de Master sous la direction de Mr le Professeur Radhouane Chtourou. Ca s'est ensuite poursuivi par une Thèse de Doctorat dont les résultats figurent dans ce manuscrit. L'entreprise a tellement été riche pour moi tant sur le côté scientifique qu'humain, que les mots me manquent pour remercier mon Professeur Radhouane Chtourou de la meilleure manière qui soit. Je tiens à lui exprimer ma profonde gratitude de m'avoir accueillie chaleureusement dans son équipe, de m'avoir fait confiance tout au long de mon parcours en Master et en Thèse, et de m'avoir fait bénéficier de ses qualités, de ses conseils, de sa disponibilité et de sa compréhension.

Un remerciement particulier au Pr. Jean Christophe Harmand, Directeur de Recherche au Laboratoire de Photonique et des Nanostructures (LPN) du CNRS à Marcoussis (France), au Pr. Paul Voisin, ainsi qu'aux membres du laboratoire, pour nous avoir fait bénéficier d'échantillons d'une grande qualité.

J'exprime ma profonde gratitude à mon Professeur Habib Bouchriha de m'avoir fait l'honneur d'accepter la présidence du jury de Thèse.

Je voudrais exprimer mes remerciements à mon Professeur Raouf Bennaceur et à Monsieur Samir Romdhane d'avoir bien voulu juger ce travail.

Je remercie également Monsieur le professeur Belgacem Eljani d'avoir bien voulu être membre du jury.

J'adresse aussi mes remerciements au directeur de notre laboratoire (LPVSN), Pr. Hatem Ezzaouia, pour sa générosité et ses conseils. Un grand merci à tous les collègues du CRTEn: chercheurs, ingénieurs, techniciens, ouvriers, ainsi que le personnel administratif, qui m'ont accueillie chaleureusement dans leur grande famille.

J'exprime une gratitude particulière à Mr. Jean Louis Stehle, vice-président de la société SOPRALAB, pour son aide précieuse, sa disponibilité et ses encouragements au début de ce travail de thèse, ainsi que de son invitation au siège de la société à Bois-Colombes à Paris (France).

Je souhaite exprimer mes respectueux remerciements au Pr. Tijani Gharbi pour son aide et son soutien, ainsi que les membres de l'équipe du département d'Optique de l'Institut Femto-ST (Université de Franche Comté, France).

1

Je remercie vivement Guillaume Herlem, Maître de Conférences à l'Institut Utinam (Université de Franche Comté, France) pour m'avoir initié à la technique de l'électrochimie et aux calculs *ab initio*, ainsi que pour ses conseils et ses qualités scientifiques. Je tiens aussi à remercier les membres de l'Institut Utinam.

Je voudrais remercier aussi Pr. Michel Spajer pour ses encouragements, ainsi que Mr. Jean Claude Jeannot et Roland Salut pour m'avoir permis d'utiliser l'ellipsomètre (Jobin Yvon) et le Microscope Electronique à Balayage (MEB) en salle blanche de l'Institut Femto-ST.

J'exprime mes remerciements à Mme V. Darakchieva que j'ai eu l'honneur de rencontrer au « ISCE-4 » à Stockholm, pour les encouragements et les précieux conseils dont j'ai pu bénéficier.

Je voudrais remercier tous les membres de notre équipe dirigée par Pr. Radhouane Chtourou : M. Maghrbi, F. Bousbih, S. Benbouzid, J. Zinoubi, A. Hamdouni, M. Lajnef, J. Rihani, A. Bardaoui, W. Zaghdoudi, M. Chamekh, I. Dhifallah, T. Abdellaoui, C. Bouhafs, B. Barchouchi, M. Daoudi … pour leur bonne humeur et la bonne ambiance de travail. Un remerciement particulier est dédié à mes collègues et amis Chamseddine, Afrah, et Jawher, pour leurs précieux conseils.

J'aimerais exprimer mon immense gratitude à tous les professeurs qui m'ont soutenus pendant toutes ces années d'étude et m'ont transmis généreusement leur savoir et leur goût à la Recherche.

Finalement, ce travail n'aurait pas vu le jour sans le soutien, les encouragements interminables et la patience de mes très chers parents, à qui je dédie cette Thèse de Doctorat. Je ne pourrais pas oublier mes chers frères, et ma chère sœur, la famille et les amis, à qui j'exprime mes sincères remerciements.

"Coming together is a beginning; Keeping together is progress; Working together is success ."
Henry Ford

La bougie ne perd rien de sa lumière en la communiquant à une autre bougie.

Les silences et les sons font, ensemble, la beauté de la musique.

Les tempêtes donnent des racines plus profondes aux chênes.

Le bonheur va vers ceux qui savent rire.

Marches sans regarder en arrière si tu veux avancer.

Rien n'abrège la vie comme les pas perdus, les paroles oiseuses et les pensées inutiles.

Un ami c'est une route, un ennemi c'est un mur.

A la Vie, au Respect, à la Tolérance,
A la Nature, à la Science, à l'Espoir,
A toute ma Petite Famille, et à mes Amis.

C'est dans la nature des tentatives humaines que des erreurs peuvent avoir lieu.
C'est dans la nature de la science d'interroger et de corriger ces éventuelles
erreurs. Espérons que les erreurs éventuelles dans cette thèse ne sont ni
signifiantes ni nombreuses.

Table des matières

Résumé

L'objectif du travail présenté dans ce manuscrit est la détermination des indices complexes inconnues ainsi que l'analyse de l'effet d'incorporation des atomes d'azote et d'antimoine dans les couches minces de GaAsN, GaAsSb et GaAsSbN, élaborées par la technique d'épitaxie par jets moléculaires (MBE), en utilisant la technique d'ellipsométrie spectroscopique. Ces alliages semiconducteurs, basés sur la substitution de l'arsenic dans GaAs avec de l'azote et/ou avec l'antimoine, ayant une énergie de bande interdite plus faible que celle du GaAs, et des propriétés optiques qui dépendent fortement de la composition d'alliage ainsi que de l'état de contrainte, présentent un grand intérêt dans le domaine de l'optoélectronique. L'analyse des résultats ellipsométriques par l'utilisation du modèle standard des points critiques (SCP) et du modèle de la fonction diélectrique d'Adachi (MDF) pour la paramétrisation de la fonction diélectrique de l'alliage nous ont permis de déterminer avec une grande précision les paramètres des points critiques dans les différentes directions cristallographiques. Nous avons pu constater que l'introduction d'un atome substituant (azote ou antimoine) à la place de l'arsenic, induit en général un décalage des énergies de transition, suivi par un élargissement des structures présentes dans le spectre de la fonction diélectrique.

Abstract

The aim of this work is the determination of unknown material complex indices, and the analysis of the nitrogen and antimony incorporation effects in GaAsN, GaAsSb and GaAsSbN layers, grown by molecular beam epitaxy (MBE), by using the spectroscopic ellipsometry technique. These semiconductor alloys, based on the arsenic substitution in GaAs by nitrogen and/or antimony, having a band gap energy lower than that of GaAs, together with alloy and strain dependant optical properties, are of interest in the optoelectronic field. The ellipsometric results analysis with the use of the standard critical point model (SCP) and the Adachi's model dielectric function (MDF) for the alloy dielectric function parametrization, gave precise critical points parameters in the different crystallographic directions. We have found that the incorporation of a substituent atom further than arsenic, generally leads to a shift in the transition energies, followed by a broadening of the structures in the dielectric function spectra.

Liste des figures

Liste des tableaux

16

Introduction

Semiconducteurs III-V et Ellipsométrie: matériaux clés pour l'optoélectronique d'aujourd'hui et une technique de mesure clé.

Il nous est difficile de ne pas reconnaître le rôle que les semiconducteurs ont joué dans les développements technologiques ces dernières années. Des lecteurs CD et DVD, aux communications par fibres optiques et imagerie médicale, des téléphones portables et Blackberries, aux détecteurs et émetteurs à base de solides, il a constamment été question d'explorer de nouveaux systèmes de matériaux. La recherche dans le domaine des semiconducteurs a permis un développement synchronisé entre la connaissance fondamentale de la science des matériaux et les progrès technologiques.

La diversité des composés et de leurs propriétés est directement reliée, d'un côté à la possibilité de combiner les éléments de 4 colonnes du tableau périodique, ainsi qu'à la capacité de manipuler les matériaux à l'échelle atomique avec un contrôle et une pureté sans précédent. Les techniques de croissance hors-équilibre, telles que l'épitaxie par jets moléculaires (MBE), ont rendu possible l'élaboration de composés qui n'existent pas dans la nature. A ce jour, GaAs a été le semiconducteur composé le plus important de point de vue technologique. En effet, GaAs montre un grand nombre de propriétés clé qui lui permettent ainsi qu'à ses alliages d'avoir des applications diverses dans les domaines de l'électronique et de l'optoélectronique. C'est un semiconducteur à gap direct permettant une émission plus efficace de la lumière que celle dans les semiconducteurs élémentaires tels que le Si et le Ge. En plus, la mobilité des porteurs est grande dans les alliages à base de GaAs, permettant l'élaboration de transistors à grande mobilité.

Enfin, un des avantages les plus importants de ce matériau est qu'un alliage peut facilement être élaboré avec d'autres éléments (figure1) du groupe III (Al, In) et du groupe V (N, P, Sb, Bi), pour accéder à la valeur de gap voulue, puisque le gap est fonction de la composition de l'alliage (figure2).

17

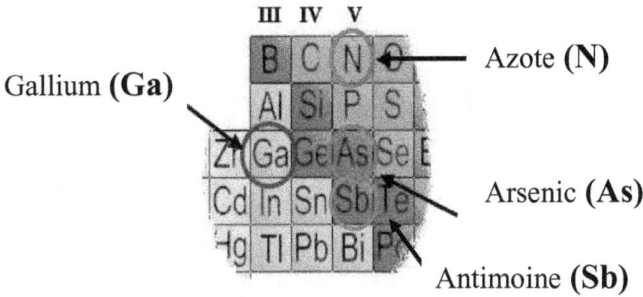

III IV V

Gallium **(Ga)**

Azote **(N)**

Arsenic **(As)**

Antimoine **(Sb)**

Figure 1: Quelques éléments clés des groupes III et V du tableau périodique des éléments.

La majorité des semiconducteurs III-V cristallisent dans la structure de blende de zinc. Bien que l'alliage change de manière significative la valeur du gap, la différence du paramètre de maille est souvent assez faible, à un tel point de permettre à différents alliages issus de GaAs d'être superposés par épitaxie les uns sur les autres, donnant des hétérostructures de bonne qualité, et dont les propriétés optiques et électroniques sont essentielles pour les composants optoélectroniques.

Les dernières années, différents éléments du groupe V ont été introduits dans le système d'alliage GaAs avec des résultats intéressants. Dans les années 90, une faible quantité d'azote a été ajouté à GaAs pour former l'alliage $GaAs_{1-x}N_x$, où x < 4% [1]. Puisque GaN est un composé à grand gap 3.2 eV, et que les propriétés des semiconducteurs ternaires peuvent généralement être bien approximées par l'interpolation des propriétés des deux constituants binaires, le résultat obtenu pour $GaAs_{1-x}N_x$ a été très surprenant : le gap de $GaAs_{1-x}N_x$ est plus faible que celui de GaAs, mettant en jeu un paramètre de courbure (« bowing ») géant. Il a été montré que l'introduction de seulement 1% d'azote (x = 0.01) peut réduire le gap de 0.180 eV [2]. La figure 2 illustre la réduction du gap en fonction de la composition de différents matériaux III-V. La réduction de gap relative à $GaAs_{1-x}N_x$ est anormalement grande, et dont la valeur du « bowing » est supérieure à celle des alliages de GaAs avec d'autres éléments du groupe V. Depuis cette découverte, les alliages dilués de $GaAs_{1-x}N_x$ ont reçu une attention considérable comme nouveaux candidats pour les composants émettant aux grandes longueurs d'onde, c'est à dire dans la gamme du proche infra-rouge (surtout à 1.3 et 1.55 microns) et les lasers dans le domaine des télécommunications ont déjà été élaboré avec succès [3]. Des diodes luminescentes ont aussi été réalisées [4] à base de InGaAsN pour l'imagerie médicale. En plus, ce matériau a aussi trouvé son application dans les cellules solaires à grand gain [5].

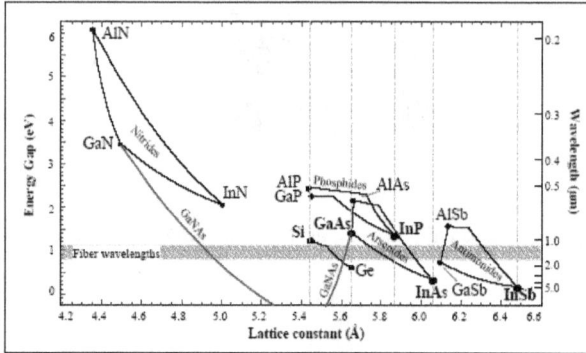

Figure 2: *Evolution de la largeur de la bande interdite en fonction du paramètre de maille pour les composés semi-conducteurs binaires III-V [4].*

Cependant, bien que l'addition de N dans GaAs a été un succès d'un point de vue gap, il en a été moins pour la qualité du matériau. Il a été prouvé qu'un nombre de propriétés sont dégradées avec l'incorporation de l'azote, dont la photoluminescence [6] et la mobilité des électrons [7]. Cette dégradation pourrait être due à ce que les atomes de N aient tendance à former des complexes, et aussi à être distribués de manière aléatoire. Une des approches utilisées pour améliorer la qualité de GaAsN est d'effectuer des traitements thermiques après la croissance (recuit) [8].

GaAsN est reconnu être un alliage non conventionnel, dans le sens où l'atome de N introduit un état de bande localisé, et se comporte plus comme un état accepteur isoélectronique qu'un véritable élément de l'alliage [9, 10]. La réduction importante du gap due à N a été interprétée comme étant une interaction résonante entre l'état N et la bande de conduction.

19

L'atome de Sb a aussi trouvé une place importante dans les alliages à base de GaAs, le potentiel technologique du matériau $GaAs_{1-x}Sb_x$ a été étudié en conjonction avec d'autres alliages III-V, par exemple avec InAlAs pour l'hétérojonction dans les transistors à effets de champ [11], avec AlAsSb pour des miroirs de Bragg [12], et avec AlGaAsSb pour des lasers à double hétérostructures [13]. En particulier, une couche de $GaAs_{1-x}Sb_x$ (x=0.49), en accord de maille avec un substrat de InP, trouve son application dans des composants infra-rouge émettant à 1.6 microns [14]. Une plus large application des semiconducteurs $GaAs_{1-x}Sb_x$ élaborés sur substrat de GaAs est utilisée comme couche active dans les lasers pour le transfert des données dans la gamme de longueurs d'onde 1.3-1.5 microns [15], ainsi que dans les transistors bipolaires à hétérojonction (HBT) où GaAsSb représente la base [16].

Récemment en 1999, l'équipe de recherche dirigée par J. C. Harmand a proposé un nouvel alliage GaAsSbN, élaboré sur substrat de GaAs [17], qui présente une alternative intéressante au matériau InGaAsN. Ce matériau étant connu comme matériau de base pour les lasers dans le domaine des télécommunications [18], pour son application dans les cellules solaires [19], ou pour les détecteurs aux grandes longueurs d'onde [20]. Cependant, il est difficile d'obtenir des émissions à des longueurs d'onde au-delà de 1.3μm (en particulier l'émission à 1.55μm) en utilisant ce matériau InGaAsN sur substrat de GaAs, et une des difficultés réside dans le fait que l'incorporation d'azote diminue de manière drastique en présence d'Indium dans InGaAsN élaboré par MOVPE, en comparaison avec celle dans GaAsN [21, 22].

L'atome de N ayant un plus petit rayon atomique que celui de As, il introduit une contrainte en tension dans le réseau cristallin, alors que le Sb est de plus grande taille, il introduit une contrainte en compression, de ce fait, l'incorporation de N dans GaAsSb a pour effet de compenser la contrainte en compression. En plus de sa petite taille, l'azote est fortement électronégatif, et donc attire les électrons, alors que le Sb possède une grande taille et a tendance à attirer les trous. Le tableau 1 ci-dessous montre quelques propriétés atomiques des éléments des groupes III et V, montrant les grandes différences dans l'électronégativité et la taille atomique entre As, N et Sb.

Elément	Structure Electronique	Masse Atomique	Rayon Covalent	Electronégativité
Ga	(Ar) $3d^{10}4s^24p^1$	69.72	0.135 nm	1.81
In	(Kr) $4d^{10}5s^25p^1$	114.82	0.144 nm	1.78
N	(He) $2s^22p^3$	14.007	0.070 nm	3.04
As	(Ar) $3d^{10}4s^24p^3$	74.92	0.118 nm	2.18
Sb	(Kr) $4d^{10}5s^25p^3$	121.75	0.136 nm	2.05
Bi	(Xe) $4f^{14}5d^{10}6s^26p^3$	208.98	0.145 nm	2.02

Tableau 1: *Structure électronique, masse atomique, rayon covalent et électronégativité de Pauling de quelques éléments des groupes III et V [4, 23].*

Du fait que les applications de GaAs et de ses alliages dépendent des propriétés optiques, et plus particulièrement de la fonction diélectrique ε (E), et du fait que celle-ci est reliée à la structure de bandes électronique, il est essentiel de la déterminer de manière précise. Il a été démontré que l'ellipsométrie spectroscopique est un outil approprié pour déterminer la fonction diélectrique des semiconducteurs [24].

L'ellipsométrie est une méthode optique qui mesure le taux complexe de réflectance d'un échantillon. Les mots « optique » et « complexe » sont très importants. Le mot « optique » signifie que la technique est non-destructive et permet des mesures *ex-situ* et *in-situ*, alors que « complexe » signifie que non seulement la différence des intensités est obtenue, mais aussi une information sur la phase permettant des précisions inférieures à la monocouche. La tendance vers une miniaturisation des composants dans l'industrie des semiconducteurs a augmenté l'importance des précisions de mesure. L'évolution des capacités analytiques des instruments spectroscopiques les a rendu capables d'analyser des échantillons de plus en plus complexes, tels que : des dépôts multicouches, des matériaux dopés, ou matériaux inhomogènes à l'échelle microscopique. Quelques propriétés structurales et matérielles, qui peuvent être mesurées par ellipsométrie concernent la détermination de l'indice complexe, la fonction diélectrique complexe, l'épaisseur de couche et même d'une structure multicouches, la qualité des surfaces et des interfaces, les profils (ou gradient) d'indice dans les couches…Malgré que les principes d'ellipsométrie ont vu le jour depuis la

21

fin du XIXème siècle avec Paul Drude [25 - 27], cette technique n'a été utilisée que vers les années 1960. La raison est qu'une mesure ellipsométrique entraine la résolution d'équations compliquées, qui ne peuvent être résolues de manière analytique que dans des cas particuliers et nécessitent des approches numériques dans la plupart des cas. La croissance des performances de l'outil informatique ces dernières décennies a fortement contribué à un meilleur traitement des données expérimentales.

La détermination des propriétés optiques et en particulier de la fonction diélectrique dans le domaine des énergies supérieures à celle du gap optique (au dessus du niveau d'absorption en centre de zone), pourrait jouer un rôle essentiel pour une meilleure compréhension fondamentale. La position des énergies et les amplitudes relatives à des structures d'absorption spécifiques dans la fonction diélectrique pourraient être utilisées, en particulier, pour vérifier des calculs *ab-initio* de structure de bandes. En plus d'expériences complémentaires, cette comparaison peut attribuer à une compréhension microscopique des propriétés électroniques. Tandis que la structure de bandes engendre certaines structures d'absorptions dans la fonction diélectrique d'un matériau, la qualité du cristal est reliée à l'amplitude et aux élargissements de ces structures. Les propriétés optiques de différents alliages III-V ont déjà été étudiées [28] dans un grand nombre de travaux expérimentaux. Cependant, à cause des limites dans les montages spectroscopiques conventionnels (Photoluminescence, reflectance, transmission…), les propriétés optiques ont été surtout étudiées autour du gap fondamental E_0.

Dans ce travail, nous nous proposons de participer au travail de recherche dans ce domaine sur une plus large gamme spectrale représentant des énergies de transition plus élevées en utilisant la technique d'ellipsométrie. Nous allons déterminer les fonctions diélectriques inconnues et discuter l'effet d'incorporation des atomes de N et de Sb dans les couches minces de GaAsN, GaAsSb et GaAsSbN élaborées par MBE. Dans le chapitre I, nous commencerons par une description détaillée des échantillons et des techniques de caractérisation: HRXRD et SIMS. Puis, le deuxième chapitre sera dédié à la technique d'ellipsométrie spectroscopique ainsi qu'aux conditions de mesure. Il est important de noter que nous avons d'abord effectué toutes les calibrations de l'instrument (après son installation au CRTEn en Mars 2006) ainsi que les mesures des échantillons de référence avant d'entamer l'étude de nos propres échantillons. Dans le chapitre III, nous allons expliquer les méthodes d'analyse des mesures ellipsométriques, en allant des lois de dispersion jusqu'à l'accès aux propriétés électroniques et optiques via la fonction diélectrique. Le chapitre IV sera dédié à l'étude des couches de $GaAs_{1-x}N_x$ (x = 0.0%, 0.1%, 0.5% et 1.5 %), une première partie est consacrée à l'effet de l'incorporation d'azote dans GaAsN, et la seconde partie à l'effet de recuit après croissance (à une température de 680°C à 90 secondes). Enfin, le cinquième chapitre énumèrera en premier lieu l'effet d'incorporation d'antimoine dans $GaAs_{1-x}Sb_x$ (x = 0.0%, 6.7% et 10.8%), puis l'effet d'incorporation d'azote dans des couches de $GaAs_{0.9}Sb_{0.1}N_x$ (x = 0.00 %, 0.65 %, 1.06 %, 1.45 % et 1.90 %).

Références

[1] M. Kondow, K. Uomi, K. Hosomi, and T. Mozume, Jpn. J. Appl. Phys., 33(8A), L1056–L1058 (1994).

[2] R. Chtourou, F. Bousbih, S. Ben Bouzid and F. F. Charfi, Appl. Phys. Lett., 80, 2075 (2002).

[3] M. Fischer, D. Gollub, M. Reinhardt, M. Kamp, and A. Forchel, J. Cryst. Growth, 251, 353–359, (2003).

[4] Erin Christina Young, Ph. D. Thesis (2006), Mark Allan Wistey, Ph. D. Thesis (2006).

[5] I. A. Buyanova, W. M. Chen, and C. W. Tu, Semicond. Sci. Technol., 17(8), 815–822, (2002).

[6] X. Yang, J. B. Heroux, M. J. Jurkanovic, and W. I. Wang, J. Vac. Sci. Technol. B, 17(3), 1144–1146, (1999).

[7] R. Mouillet, L. A. Vaulchier, E. Deleporte, Y. Guldner, L. Travers, and J. C. Harmand, Solid State Comm., 126, 333–337, (2003).

[8] Rao, A. Ougazzaden, Y. Le Bellego, and M. Juhel, Appl. Phys. Lett. 72, 12, 1409 (1998).

[9] Yong Zhang, A. Mascarenhas, and L.-W. Wang, Phys. Rev. B, 71 ,155201, (2005).

[10] Nebiha Ben Sedrine, Master thesis (2006).

[11] K. G. Merkel, C. L. A. Cerny, V. M. Bright, F. L. Schuermeyer, T. P. Monahan, R. T. Lareau, R. Kaspi, and A. K. Rai, Solid–State Electron. 39, 179 (1996).

[12] F. Genty, G. Almuneau, L. Chusseau, G. Boissier, J.-P. Malzac, P. Salet, and J. Jacquet, Electron. Lett. 33, 140 (1997).

[13] R. E. Nahory and M. A. Pollack, Appl. Phys. Lett. 27, 562 (1975).

[14] Y. Kawamura, T. Higashino, M. Fujimoto, M. Amano, T. Yokoyama, and N. Inoue, Jpn. J. Appl. Phys.41, 4515 (2002).

[15] R. Lukic-Zrnic, B. P Gorman, R. J. Cottier, T. D. Golding, and C. L. Litter, J. Appl. Phys. 92, 6939 (2002).

[16] F. Nishino, T. Takei, A. Kato, Y. Jinbo, and N. Uchitomi, Jpn. J. Appl. Phys. 44, 705 (2005).

[17] G. Ungaro, G. Le Roux, R. Teissier, and J. C. Harmand, Electronic. Lett., 15, 15, 1246 (1999).

[18] M. Kondow, S. Nakatsuka, T. Kitatani, Y. Yazawa, and M. Okai, IEEE Photonics Tehnol. Lett., 10 (4), 487 (1998).

[19] D. J. Freidman, J. F. Geisz, S. R. Kurtz, and J. M. Olson, J. Cryst. Growth, 195, 409 (1998).

[20] Gokhale, J. K. Wei, H. Wang, and S. R. Forrest, Appl. Phys. Lett., 74, 9, 1287 (1999).

[21] H. Saito, T. Makimoto, and N. Kobayashi, J. Cryst. Growth, 195, 416, (1998).

[22] D. J. Freidman, J. F. Geisz, S. R. Kurtz, and J. M. Olson, J. Cryst. Growth, 195, 438 (1998).

[23] J. J. Gersten and F.W. Smith. The physics and chemistry of materials. Wiley Interscience, New York, USA, (2001).

[24] D. E. Aspnes and A. A. Studna, Phys. Rev. B 27, 985 (1983).

[25] P. Drude, Ann. Phys. Chem., 36, 532 (1889).

[26] P. Drude, Ann. Phys. Chem., 36, 865 (1889).

[27] P. Drude, Ann. Phys. Chem., 39, 481 (1890).

[28] Christoph Cobet, Ph. D. Thesis (2005).

Chapitre I :

Echantillons et Techniques de Caractérisation

Dans ce chapitre, nous présentons quelques propriétés cristallines et électroniques des semiconducteurs III-V, la technique d'épitaxie par jets moléculaires utilisée pour l'élaboration des échantillons étudiés, ainsi que les techniques de caractérisation de diffraction par rayons X à haute résolution (HRXRD) et SIMS.

I. Propriétés des matériaux III-V :

L'étude des propriétés des composés binaires III-V en particulier leurs structures de bandes [1], montre que les éléments les plus légers donnent des composés à large bande interdite, dont les propriétés se rapprochent de celles des isolants, et dont le gap est indirect. Dans cette catégorie, nous pouvons inclure les composés contenant du Bore, de l'Aluminium, ou de l'Azote, et le Phosphure de Gallium GaP. Ceux-ci ont, en général, peu d'intérêt pour l'électronique rapide, qui demande des semiconducteurs à forte mobilité des porteurs, ni pour l'optoélectronique où une structure de bande directe est nécessaire pour une grande efficacité des transitions optiques. D'autre part, les éléments lourds, comme le Thallium ou le Bismuth, donnent des composés à caractère métallique. C'est pour cela qu'on s'est tourné essentiellement sur les composés à base de Gallium (GaAs, GaSb), ou d'Indium (InP, InAs), dont les propriétés sont les plus intéressantes. Le tableau I-1 donne l'énergie de bande interdite ainsi que le paramètre de maille de quelques composés III-V à la température ambiante.

Composé III-V	E_g (eV)	a (A°)
c-GaN	3.25	4.511
GaAs	1.42	5.653
GaSb	0.72	6.095
AlSb (gap indirect)	1.58	6.138
GaP (gap indirect)	2.26	5.449
InP	1.35	5.868

***Tableau I-1** : Paramètres caractéristiques de quelques composés III-V à 300 K.*
E_g: énergie de bande interdite et a : paramètre de maille du cristal [1].

I. 1. Structure de blende de zinc :

Les semiconducteurs III-V formés à partir de (Al, Ga, In) d'une part, et de (P, As, Sb) d'autre part, cristallisent dans la structure de type blende de zinc (Figure I-1). Le réseau cristallin d'une telle structure peut être décomposé en deux sous-réseaux, l'un constitué d'atomes de la colonne III et l'autre d'atomes de la colonne V, cubiques à faces centrées interpénétrés. Les deux sous-réseaux sont décalés l'un par rapport à l'autre selon la diagonale du cube, d'une quantité (a/4, a/4, a/4), où a est le paramètre cristallin (qui représente la longueur de l'arête du cube élémentaire). Chaque atome se trouve au centre d'un tétraèdre régulier dont les sommets sont occupés par un atome de l'autre espèce.

La maille élémentaire à partir de laquelle nous pouvons reconstituer le cristal entier par un ensemble de translations, est formée par un atome de chaque type, elle contient donc deux atomes.

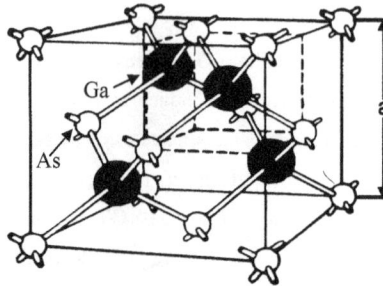

Figure I-1: *Structure cristalline de blende de zinc de GaAs [2].*

Les alliages III-$V_{(1-x)}$-$V'_{(x)}$ tels que : $GaAs_{1-x}N_x$, $GaAs_{1-x}Sb_x$, cristallisent aussi dans la structure de blende de zinc, et les valeurs (1-x) et (x) indiquent respectivement les probabilités qu'un nœud du sous-réseau des anions soit occupé par un atome d'arsenic ou de (N ou Sb). Le paramètre de maille de l'alliage III-$V_{(1-x)}$-$V'_{(x)}$ est décrit par la loi de Vegard [3]:

$$a_{III-V-V'} = (1-x)a_{III-V} + xa_{III-V'} \qquad \text{eqI-1}$$

I. 2. Première zone de Brillouin :

A partir du réseau cristallin, nous pouvons définir le réseau réciproque, qui représente le système de coordonnées correspondant à l'énergie des états électroniques en fonction du vecteur d'onde $\vec{k}$ [4]. Le réseau réciproque associé à la structure de type blende de zinc est cubique centré. La maille élémentaire du réseau réciproque correspond à la première zone de Brillouin qui est un octaèdre régulier (figure I-2). La première zone de Brillouin présente des points de haute symétrie qui sont:

* Γ : centre de symétrie, situé au centre de la zone de Brillouin.

* Trois axes de symétrie équivalents [100], [010] et [001], coupant le bord de la première zone de Brillouin en six points X.

* Quatre axes équivalents [111], coupant le bord de la zone de Brillouin en huit points L.

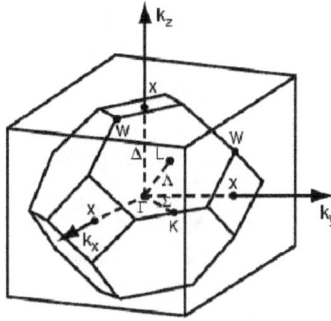

Figure I-2*: Première zone de Brillouin d'un cristal du type blende de zinc [2].*

Par convention [2], nous notons les points et les lignes de hautes symétrie situés à l'intérieur de la zone de Brillouin par des lettres grecques, et ceux situés sur la surface de zone par des lettres romaines. Les trois directions de haute symétrie sont notées :

- direction $\overline{\Gamma \quad \Delta}$ X : $[\pm 100]$, $[0 \pm 10]$, $[00 \pm 1]$.
- direction $\overline{\Gamma \quad \Lambda}$ L : $[\pm 111]$, $[1 \pm 11]$.
- direction $\overline{\Gamma \quad \Sigma}$ K : $[110]$.

La symétrie de la zone de Brillouin résulte de celle du réseau direct et est par conséquent reliée à la symétrie du cristal.

I. 3. Structures de bandes d'énergie :

Les bandes d'énergie donnent les états d'énergie possibles pour les électrons en fonction de leur vecteur d'onde. Nous les représentons dans l'espace réciproque pour des raisons de simplifications dans les directions de plus hautes symétries de la première zone de Brillouin (figure I-2). Ces bandes se décomposent en bandes de valences (BV) et en bandes de conductions (BC). Les figure I-3 (a), (b) et (c) représentent respectivement les structures de bandes des semiconducteurs GaAs, GaSb et GaN, relatifs aux matériaux parents des alliages étudiés dans notre travail.

L'allure générale des bandes est la même pour tous les composés III-V ; en effet, la structure de bandes est directe (c'est à dire que le maximum de la BV et le minimum de la BC sont situés au centre Γ de la zone de Brillouin $\vec{k} = \vec{0}$). Le minimum central de la BC correspond à une forte courbure, donc à des électrons de faible masse effective, c'est à dire très mobiles.

28

D'autre part, il existe des minimums secondaires en bordure de la zone de Brillouin : 8 vallées de type L et 6 vallées de type X. Ces minimums sont plus plats, donc les électrons correspondant y possèdent une plus faible mobilité.

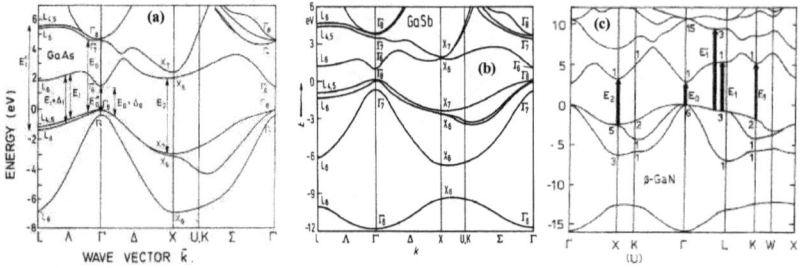

Figure I-3: *Structures de bandes des matériaux (a) GaAs, (b) GaSb, et (c) GaN cubique [5, 6, 6bis].*

II. Croissance par Epitaxie par Jets Moléculaires :

C'est une méthode de croissance (figure I-4) où les réactifs sont introduits sous forme de jets moléculaires sur le substrat de GaAs orienté selon une direction cristallographique bien déterminée. Par conséquent, cette technique est appelée: Epitaxie par Jet Moléculaire (EJM) (en anglais : Molecular Beam Epitaxy ou MBE).

Le bâti de croissance utilisé pour la réalisation de nos échantillons au Laboratoire de Photonique et de Nanostructures (CNRS - France) est un système Riber MBE 2300 dont voici la composition :

1) Module d'introduction dont le vide est créé en premier lieu par une pompe turbomoléculaire ($\sim 10^{-7}$ Torr) puis par une pompe ionique ($\sim 10^{-9}$ Torr).

2) L'échantillon et le porte-échantillon introduits dans la chambre d'épitaxie (ou bâti) ayant été mis en contact avec l'air libre, leurs surfaces risquent alors d'être contaminées. C'est pour cela qu'il est préférable de les dégazer thermiquement dans un module adéquat pour garder la chambre d'épitaxie aussi propre que possible. L'opération de dégazage consiste à chauffer l'échantillon à environ 360°C pendant une heure, mais cette durée dépend de son état de surface (conditions de stockage et manipulations) qui est analysé au RHEED (en anglais: Reflecting High-Energy Electron Diffraction).

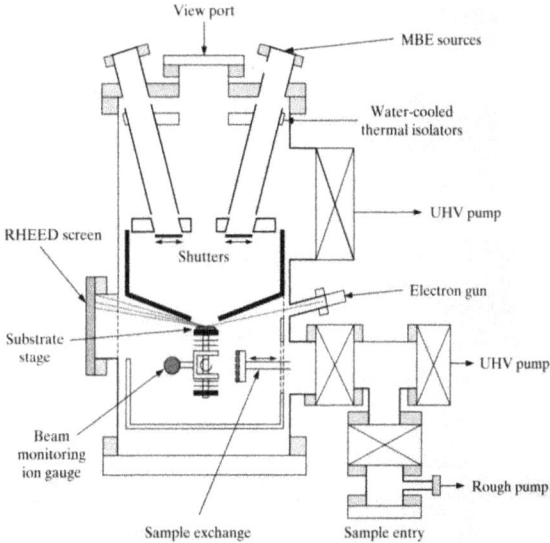

Figure I-4 : *Schéma de principe de la chambre d'épitaxie par jets moléculaires [2].*

Les échantillons dégazés sont ensuite emmenés vers le module de transfert. Celui-ci, étant équipé d'une pompe ionique (~ qqs10^{-10} Torr), a pour rôle de limiter la contamination de la chambre d'épitaxie, et constitue une zone de stockage des substrats prêts à être épitaxiés ou sortant du bâti.

3) L'épitaxie des couches est réalisée dans la chambre d'épitaxie maintenue à l'abri des contaminants, et où règne une pression inférieure à 2.10^{-10} Torr.

La température du substrat de GaAs doit être autour de 550°C : assez basse pour permettre la condensation des espèces constituant les couches, mais suffisante pour que les atomes puissent migrer à la surface et rejoindre leurs sites. Le porte-substrat est chauffé par un filament de tantale situé à proximité de celui-ci et la température du substrat est déterminée par pyrométrie, qui consiste à détecter le rayonnement Infra-Rouge émis.

Afin d'aboutir à une bonne homogénéité des couches, la plateforme du substrat est animée d'un mouvement de rotation.

Les sources de Ga, Al et In sont solides, mais liquides aux températures d'utilisation (940°C, 1100°C et 680°C respectivement). L'As et l'Sb sont évaporés (à 350°C et 520°C respectivement) puis craqués à 850°C. L'azote atomique est introduit à l'aide d'une cellule plasma radio fréquence (RF à 13,7MHz) pour dissocier le N_2 gazeux. L'épitaxie est contrôlée par des caches permettant de couper de manière abrupte le flux de matière. Les flux de réactifs sont régulièrement vérifiés sur des échantillons test de GaAs, et obéissent à une loi du type : $\text{flux} \propto \exp(-E/kT_{cellule})$ qui permet de prévoir les températures d'utilisation des cellules.

La mesure de la vitesse de croissance est effectué à l'aide de la méthode d'oscillations RHEED de Neave *et al.* [7]. Cette méthode permet d'optimiser les vitesses de croissance et ainsi l'épaisseur des couches à réaliser.

Un système de RHEED consiste en un canon à électrons produisant un faisceau de haute énergie (10-15 keV) ayant une incidence rasante sur la surface du substrat. La figure de diffraction des électrons est visualisée sur un écran fluorescent du côté opposé du canon. Cette figure de diffraction peut être utilisée pour établir la géométrie de la surface ainsi que sa morphologie. En plus, l'intensité du faisceau diffracté à l'ordre zéro (ou spéculaire) donne les oscillations amorties ou oscillations RHEED qui permet de suivre le taux de croissance *in situ* où chaque oscillation correspond à la croissance d'une monocouche.

Le processus de croissance est piloté par un logiciel performant, permettant de contrôler toutes les conditions expérimentales pour une bonne qualité des échantillons, ces conditions sont données par : la température des cellules et du substrat, l'ulra-vide, la vitesse de croissance, ainsi que le flux des réactifs arrivant sur le substrat et par suite la stœchiométrie du cristal.

III. Description des échantillons :

Les échantillons étudiés dans le cadre de notre travail ont été réalisés au Laboratoire de Photonique et de Nanostructures (CNRS - France) par la technique de l'épitaxie par jets moléculaires sur un substrat de GaAs orienté selon la direction (001).

Dans ce qui suit, nous présentons les séries d'échantillons $GaAs_{1-x}N_x$, $GaAs_{1-x}Sb_x$ et $GaAs_{0.9-x}N_xSb_{0.1}$. Les références et les compositions sont portées respectivement sur les tableaux I-2, I-3 et I-4. Les structures des couches épitaxiées correspondantes (figures I-5, I-6 et I-7) montrent que chaque échantillon est composé d'un substrat de GaAs, d'une couche tampon de GaAs de 0.1 µm et d'une région active selon le cas.

III. 1. Série $GaAs_{1-x}N_x$

Référence	Echantillon	Composition de N : x_N
72722	éch. (a)	1.50 %
72730	éch. (b)	0.50 %
72724	éch. (c)	0.10 %
72722 recuit	éch. (a')	1.50 %
72730 recuit	éch. (b')	0.50 %
72724 recuit	éch. (c')	0.10 %

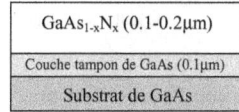

$GaAs_{1-x}N_x$ (0.1-0.2µm)
Couche tampon de GaAs (0.1µm)
Substrat de GaAs

Tableau I-2. *Série de $GaAs_{1-x}N_x$. Le recuit a été réalisé après la croissance à la température de 680°C pendant 90 secondes sous flux d'azote.*

Figure I-5. *Structure des échantillons de $GaAs_{1-x}N_x$.*

III. 2. Série $GaAs_{1-x}Sb_x$

Référence	Echantillon	Composition de Sb : x_{Sb}	Epaisseur de $GaAs_{1-x}Sb_x$
73784	éch. (a)	10.80 %	0.36µm
54D32	éch. (b)	6.70 %	0.08µm

Tableau I-3. *Série de $GaAs_{1-x}Sb_x$.*

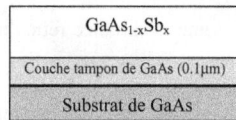

$GaAs_{1-x}Sb_x$
Couche tampon de GaAs (0.1µm)
Substrat de GaAs

Figure I-6. *Structure des échantillons de $GaAs_{1-x}Sb_x$.*

III. 3. Série GaAs$_{0.9-x}$N$_x$Sb$_{0.1}$

Echantillons	Composition de N : x_N	Sb (x_{Sb} ~10%)
5BG78	0.00 %	11.8
5BG80	0.03 %	10.6
5BG83	0.65 %	10.0
5BG81	1.06 %	10.0
5BG84	1.45 %	9.5
5BG79	1.90 %	9.6

Tableau I-4. Série de GaAs$_{0.9-x}$N$_x$Sb$_{0.1}$.

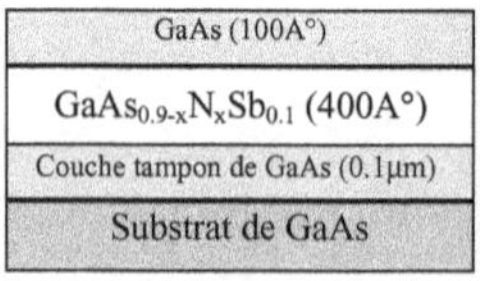

Figure I-7. Structure des échantillons de GaAs$_{1-x}$N$_x$Sb$_{(}$

IV. Techniques de caractérisation des échantillons :

IV. 1. HRXRD :

C'est une technique de caractérisation structurale *ex situ* et non destructive. Elle permet de déterminer la qualité cristalline des structures épitaxiées, l'état de contrainte entre couche et substrat, la composition, ainsi que l'épaisseur des couches.

En effet, chaque phase matérielle possède les caractéristiques associées à sa maille unitaire, c'est à dire ses paramètres du réseau : a, b, c, α, β, γ (telles que dans un réseau cubique : $a=b=c$ *et* $\alpha=\beta=\gamma=90°$). Par exemple, les éléments III-V suivants : AlAs, GaAs, GaSb, InP, ... ont tous le même arrangement (cubique zinc de blende) des atomes dans leurs mailles élémentaires, mais du fait que les rayons atomiques des différents constituants sont différents, alors les paramètres de maille des différentes phases seront différents. Ces différents paramètres de maille donneront à travers la loi de Bragg des angles différents. La diffraction des rayons X ne peut avoir lieu que si la loi de Bragg est vérifiée [8] :

$$2d_{hkl} \sin \theta_{hkl} = n\lambda \qquad \text{eqI-2}$$

où d_{hkl} représente la distance réticulaire des plans de diffraction ou paramètre de maille, θ_{hkl} l'angle de Bragg relatif aux plans de diffraction (*hkl*), n est l'ordre de diffraction et λ est la longueur d'onde du faisceau incident qui est de l'ordre de grandeur des dimensions d'une maille atomique (raie K$_\alpha$ du cuivre λ =1.54 A°).

Puisque le paramètre de maille de la couche épitaxiée d'alliage (GaAsN, GaAsSb ou GaAsSbN) est différent de celui du substrat (GaAs), l'intensité de diffraction des rayons X en fonction de l'angle montre deux pics : l'un correspondant à la condition de Bragg satisfaite par le substrat et l'autre celle satisfaite par la couche. Le pic le plus fin et le plus intense représente le substrat GaAs. La position angulaire et la forme des pics est fonction de la composition de l'alliage.

IV. 1. 1. Détermination de la composition d'un alliage:

La composition de la couche d'alliage est reliée à l'écart des pics de diffraction relatifs à la couche et au substrat. L'écart angulaire $\Delta\theta$ et le désaccord de maille $\Delta a = a_c - a$ entre couche (de paramètre de maille a_c) et substrat (de paramètre de maille a) sont reliés par [9]:

$$\Delta\theta = -\frac{\Delta a}{a}\tan\theta_B \qquad \text{eqI-3}$$

avec θ_B l'angle de Bragg du substrat. La quantité mesurée est $\Delta\theta$, θ_B est connue.

Le terme obtenu à partir de l'équation précédente :

$$\varepsilon = \frac{\Delta a}{a} \qquad \text{eqI-4}$$

représente la contrainte (qualifiée de perpendiculaire au substrat c'est à dire $\varepsilon_\perp = (\frac{\Delta a}{a})_\perp$) et par convention, $\varepsilon > 0$ pour une contrainte en compression et $\varepsilon < 0$ pour une contrainte en tension.

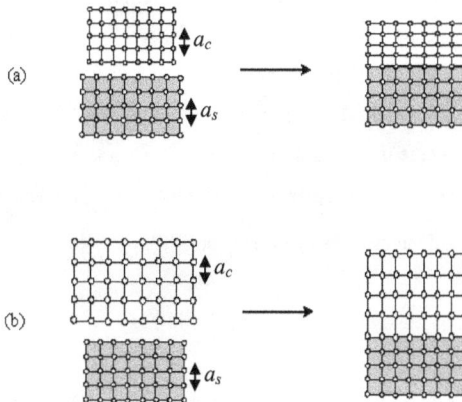

Figure I-8: *Structure d'une couche épitaxiale sur substrat de GaAs déformée : (a) en tension ($a_c < a_s$)(cas de GaAsN) et (b) en compression ($a_c > a_s$) (cas de GaAsSb et GaAsSbN).*

Une fois $\varepsilon_\perp$ connue à partir de la diffraction des rayons X, $\varepsilon_{//}$ (dans le plan du substrat) peut être déterminée en utilisant :

$$\varepsilon_\perp = -2(\frac{C_{12}}{C_{11}})\varepsilon_{//} \qquad \text{eqI-5}$$

où C_{11} et C_{12} sont les constantes élastiques de GaAs, dont les valeurs sont respectivement 119 et 53.8 GPa [10].

sachant que
$$\varepsilon_{//} = -\varepsilon_{relaxée} = -(\frac{\Delta a}{a})_{relaxée} \qquad \text{eqI-6}$$

et en supposant que la loi de Vegard [3] est vérifiée, ce qui est le cas pour la plupart des semiconducteurs. Celle-ci propose une variation linéaire, du paramètre de maille avec la composition, entre ceux correspondant aux matériaux parents. Alors, pour un alliage ternaire $A_xB_{1-x}C$, la composition x est donnée par :

$$x = \frac{a((\frac{\Delta a}{a})_{relaxée} + 1) - a_{BC}}{a_{AC} - a_{BC}} \qquad \text{eqI-7}$$

La haute résolution de cette technique permet de connaître la concentration d'azote à 0.05% près, à condition que la couche soit assez épaisse (~1μm) et de connaître parfaitement son état de contrainte.

IV. 1. 2. Détermination de l'épaisseur de la couche

Les oscillations dans la figure de diffraction représentent des interférences constructives obtenues par des réflexions successives sur les plans réticulaires (*hkl*), uniquement observées lorsque l'épaisseur (*t*) de la couche est inférieure à la longueur relative à l'atténuation des rayons X dans le cristal. Ces franges témoignent de la qualité des échantillons et du caractère lisse de ses interfaces.

La mesure de l'écart angulaire des pics d'interférence $\Delta\theta_p$ entre deux maximums de franges successives permet de déduire l'épaisseur de la couche épitaxiée [11]:

$$t = \frac{\lambda}{2\Delta\theta_p \cos\theta_B} \qquad \text{eqI-8}$$

La figure I-9 montre les courbes expérimentales de HRXRD [12] de deux échantillons élaborés par MBE sur substrat de GaAs, dont chacun contient une couche de $GaAsN_{0.012}$ de 1μm d'épaisseur, le premier contient une couche de $GaAsSb_{0.144}$ et le second

$GaAsSb_{0.144}N_{0.012}$ de 15 nm d'épaisseur chacune. Cette figure illustre bien l'état de contrainte des couches :

* les couches de $GaAsN_{0.012}$ contraintes en tension dont l'écart angulaire $\Delta\theta = \theta_c - \theta_B > 0$.

* les couches de $GaAsSb_{0.144}$ contraintes en compression dont l'écart angulaire $\Delta\theta = \theta_c - \theta_B < 0$.

* les couches de $GaAsSb_{0.144}N_{0.012}$ contraintes en compression, mais dont l'incorporation d'azote a diminué la valeur, ce qui est bien visible dans la position du pic qui se rapproche de celui du substrat de GaAs.

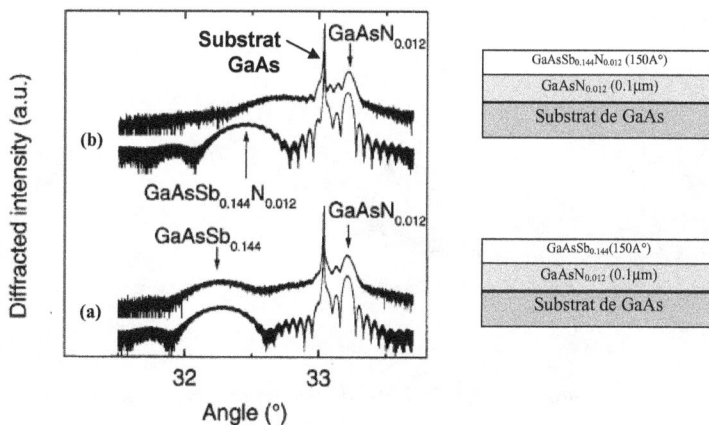

Figure I-9: *Courbes de HRXRD [12] de couches minces de $GaAsSb_{0.144}$ (a) et de $GaAsSb_{0.144}N_{0.012}$ (b) , la structure des échantillons est représentée à droite.*

La figure I-10 représente les diagrammes de diffraction de rayons X de nos échantillons relatifs aux couches de $GaAs_{0.9-x}N_xSb_{0.1}$ (3ème série). Le même effet que dans les couches de $GaAsSb_{0.144}N_{0.012}$ est observé : nous voyons clairement que la contrainte en compression diminue avec l'incorporation d'azote. Il est possible de déterminer par HRXRD si la couche de GaAsSbN est en accord de maille avec GaAs, ce qui correspond à un rapport de concentration de [Sb]/[N] ~ 3 [13].

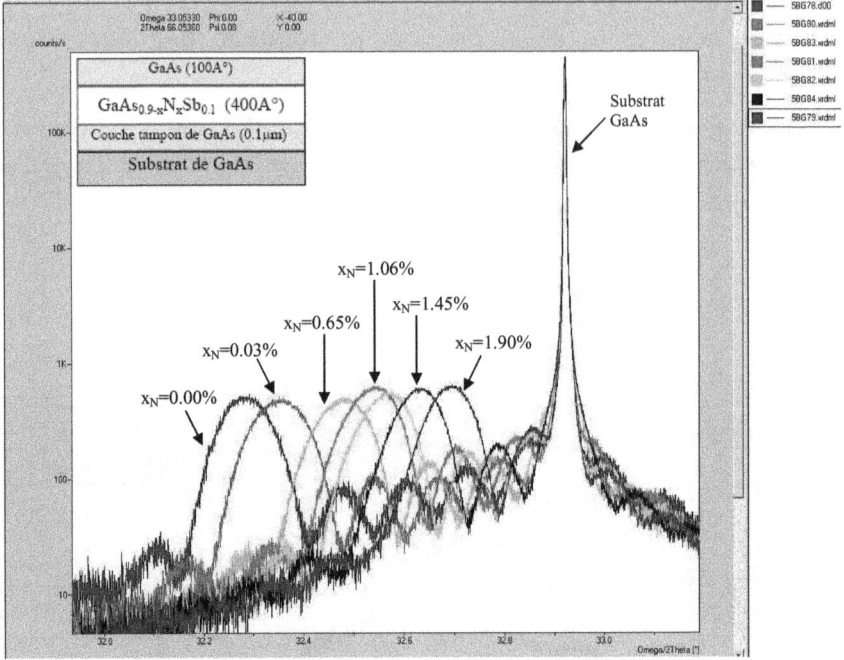

Figure I-10: *Courbes de HRXRD (LPN) de couches minces de la série $GaAs_{0.9-x}N_xSb_{0.1}$ ($x_N = 0.00$ %, 0.03 %, 0.65 %, 1.06 %, 1.45 % et 1.90 %), la structure des échantillons est représentée à gauche.*

La technique de HRXRD est insuffisante pour déterminer les concentrations de N et de Sb simultanément dans les couches de GaAsSbN, puisque la présence de Sb influe sur l'incorporation d'azote [12]. Dans ces cas, on fait appel à une deuxième technique : la technique SIMS.

IV. 2. SIMS :

Parmi les techniques d'analyse de surface, la technique SIMS pour « Secondary Ion Mass Spectrometry » est la plus sensible. Cette technique destructive est basée sur des bombardements par des ions de haute énergie (1 à 5 keV) à la surface de l'échantillon, ce qui induit à l'éjection d'espèces neutres et chargées de la surface. Les espèces éjectées peuvent inclure des atomes, des groupements d'atomes et des fragments moléculaires.

Les figures I-11 (a), (b), (c), (d), (e), et (f) représentent les profils SIMS montrant les compositions des couches de GaAsSbN (3ème série) en fonction de la profondeur, respectivement pour les échantillons avec x_N = 0.00 %, 0.03 %, 0.65 %, 1.06 %, 1.45 % et 1.90 %. L'analyse par SIMS a été obtenue par un flux d'ions primaires de Cs^+ (mesures effectuées par PROBION) puis des ions combinés de CsN^+, $CsAs^+$ et $CsSb^+$ sont détectés. Les compositions déduites à partir des profils SIMS varient pour l'azote x_N entre 0.0 et 1.9% en fonction des autres constituants des couches, et celles d'antimoine x_{Sb} sont autour de 10%.

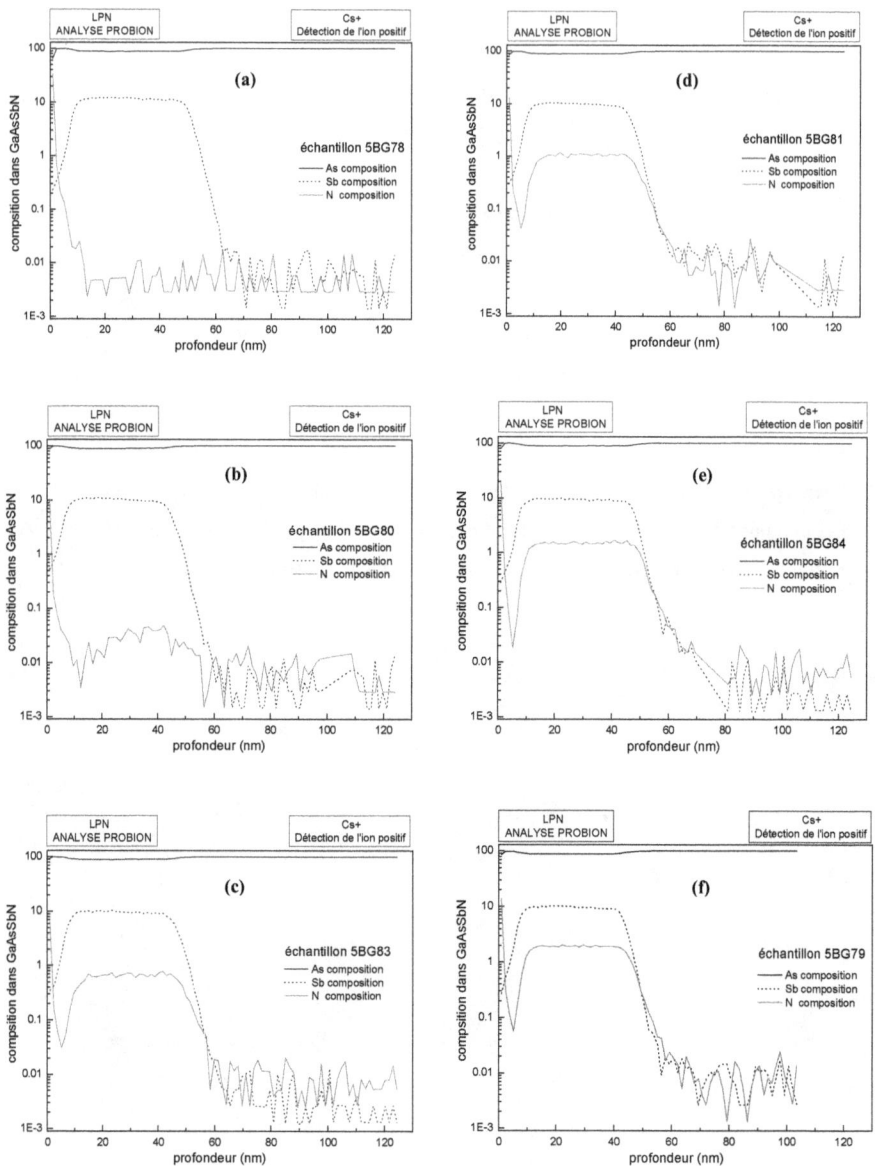

Figure I-11: *Profils SIMS (LPN-PROBION) de couches minces de la 3ème série GaAs$_{0.9-x}$N$_x$Sb$_{0.1}$ donnant les compositions x_N = 0.00 % (a), 0.03 % (b), 0.65 % (c), 1.06 % (d), 1.45 % (e) et 1.90 % (f), avec x_{Sb} ~ 10%.*

Références

[1] S. Laval, 'Physique des semiconducteurs III-V', Institut d'électronique fondamentale, CNRS.

[2] Peter Y. Yu, Manuel Cardona, 'Fundamentals of Semiconductors: Physics and Materials Properties', Springer, Third Edition (2001).

[3] L. Vegard. Die Konstitution der Mischkristalle und die Raumfullung der Atome. Z. Physik, 5, 17, (1921).

[4] Neil W. Ashcroft et David Mermin, 'Physique des solides', EDP Sciences, (2002).

[5] M. Weyers, M . Sato, Appl. Phys. Lett, Vol. 62, n°12, 1396 (1993).

[6] P. Lautenschlager, M. Garriga, S. Logothetidis, and M. Cardona, Phys. Rev. B 35, 9174 (1987).

[6bis] S. Logothetidis, J. Petalas, M. Cardona, and T. D. Moustakas, Phys. Rev. B 50, 24, 18017 (1994), K. Miwa and A. Fukumoto, Phys. Rev. B 48, 7897 (1993).

[7] J. H. Neave, B. A. Joyce, P. J. Dobson, N. Norton, Appl. Phys. A, 31, 1 (1983).

[8] P. F. Fewster, 'X-ray diffraction from low dimensional structures', Semicond. Sci. Technol., 8, 11, 1915–1934, (1993).

[9] P. F. Fewster, 'X Ray Scattering from Semiconductors' (2nd Edition).

[10] O. Madelung, M. Schulz, and H. Weiss, Eds., Landolt-Bornstein Bd. 17a Semiconductors (Springer, Berlin, 1982).

[11] D.K. Bowen and B.K. Tanner, 'High resolution x-ray diffractometry and topography', Taylor and Francis, New York, USA, (1998).

[12] J. C. Harmand, G. Ungaro, L. Largeau, and G. Le Roux, Appl. Phys. Lett.,77, 16, 2482 (2000).

[13] Robert Mouillet, Thèse de Doctorat (2004), Fatma Bousbih Zinoubi, Thèse de Doctorat (2004), Sihem Benbouzid, Thèse de Doctorat (2004).

Chapitre II :

Ellipsométrie : Théorie et Instrument

L'ellipsométrie est une technique optique non destructive, indirecte, sensible et permettant de déduire différents paramètres physiques des échantillons tels que : l'indice complexe, la fonction diélectrique complexe, l'épaisseur de couche et même d'une structure multicouches, la qualité des surfaces et des interfaces, ainsi que les profils (ou gradient) d'indice dans les couches...

L'ellipsométrie donne à l'utilisateur plusieurs possibilités de traitements analytiques, d'études structurales, de développement de produits, ou de contrôle de qualité. Contrairement aux années 1980, où la technique souffrait encore de précision, l'ellipsométrie d'aujourd'hui est un outil puissant utilisé dans les applications industrielles grâce à sa rapidité, à sa flexibilité ainsi qu'à sa grande précision. Grâce à ses grandes qualités, l'ellipsométrie n'est plus seulement utilisée *ex-situ*, mais aussi *in-situ* en salle blanche, ce qui permet de surveiller et contrôler en temps réel une grande variété de procédés en microélectronique. Le contrôle de qualité ainsi que le développement des composants exigent une très bonne reproductibilité.

De manière générale, l'ellipsométrie spectroscopique peut être appliquée dans les cas suivants :

* Calcul de l'indice complexe $N = n + ik$ en fonction de la longueur d'onde pour une épaisseur de couche connue.

* Détermination de l'indice complexe N en fonction de la longueur d'onde pour des substrats polis (qualité miroir). Les valeurs calculées de n et k peuvent être utilisées comme références pour l'évaluation de mesures de structures plus complexes.

* Détermination précise simultanée de n en fonction de la longueur d'onde ainsi que l'épaisseur d'un film transparent sur un substrat connu.

* Comparaison (ou ajustement) de paramètres simulés et mesurés d'un empilement multi-couches basé sur un modèle structural (angle d'incidence, épaisseurs des couches, et matériaux).

* Calcul des épaisseurs des multi-couches à travers une régression linéaire en minimisant les différences entre les spectres calculés et mesurés. (Inconvénient : il faut avoir les bases de données des indices de réfraction des matériaux de référence ainsi qu'un nombre ne dépassant pas une dizaine de couches).

* Introduction et détermination des compositions de matériaux mélangés par l'application de modèles des milieux effectifs.

* Etude de la rugosité des surfaces et des interfaces, pouvant être modélisée par un mélange de matériaux.

* Détermination des profils (ou gradient) dans des couches ayant des indices de réfraction variant de manière continue.

Dans les domaines de semiconducteurs, d'optique, ou de microélectronique, des échantillons de référence sont souvent préparés pour la comparaison ou la calibration des outils de mesure. Les paramètres physiques (indice de réfraction par exemple) des échantillons de référence doivent être déterminés avec grande précision, puisqu'ils sont utilisés dans la procédure de calibration. C'est à dire, que pour être capable de mesurer l'épaisseur d'une couche d'oxyde de silicium (SiO_2), nous devons connaître l'indice de réfraction du silicium (Si) avec une grande précision. Par conséquent, la justesse sur la mesure de SiO_2 dépend de celle des données de référence du substrat de Si.

Contrairement à l'ellipsométrie à une seule longueur d'onde (utilisant un laser comme source lumineuse), l'ellipsométrie spectroscopique couvre une large gamme de longueurs d'onde (utilisant le plus souvent une lampe xénon comme source lumineuse, allant du proche IR, en passant par le visible jusqu'en UV). En effet, nous pouvons mesurer par exemple l'indice de réfraction d'un matériau sur un spectre large, il faut cependant choisir un pas assez faible pour pouvoir suivre les faibles variations de l'indice, surtout au voisinage des points critiques.

Pour un grand nombre d'inconnues, il est nécessaire de faire des mesures ellipsométriques à angles d'incidence variables afin d'augmenter le nombre d'équations indépendantes à résoudre. Le plus souvent, une gamme spectrale adéquate avec un seul angle d'incidence constant sont suffisants pour mesurer les paramètres voulus avec grande précision.

I. Principe :

L'ellipsométrie est une technique optique non destructive sensible aussi bien pour des surfaces ainsi que pour des matériaux massifs, ceci dépend de la profondeur de pénétration de la longueur d'onde utilisée. Cette technique consiste à mesurer le changement de l'état de polarisation de la lumière après réflexion sur un échantillon. Son principe est représenté sur la figure II-1 : la lumière incidente (S_0) avec un angle d'incidence de ϕ_0 étant non polarisée, elle devient polarisée rectilignement après son passage par le polariseur (P). Après sa réflexion sur l'échantillon (E), l'état de polarisation de la lumière change, elle devient elliptique suite à l'interaction onde-échantillon. A l'entrée du détecteur (D) la lumière est de nouveau rectiligne sous l'effet de l'analyseur (A).

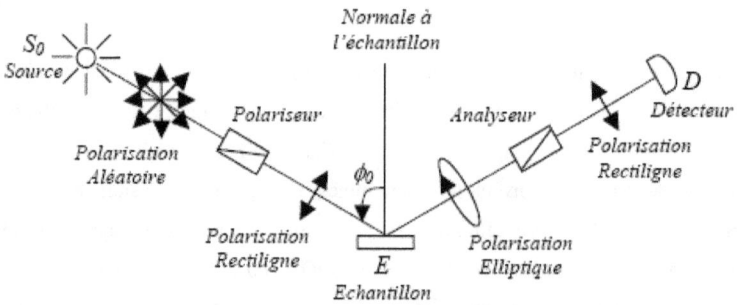

Figure II-1: Principe de l'ellipsométrie.

La quantification du changement de l'état de polarisation de la lumière est traduit via les paramètres ellipsométriques mesurés définis par : ψ et Δ qui sont reliés au taux de réflectance complexe ρ par la relation :

$$\rho = \frac{r_p}{r_s} = (\tan\psi).e^{i\Delta} \qquad \qquad \text{eqII-1}$$

où r_p et r_s sont les coefficients de réflexion de Fresnel pour l'onde polarisée parallèlement (p) et perpendiculairement (s) au plan d'incidence de l'échantillon, respectivement.

Nous rappelons que le plan d'incidence de l'échantillon est défini comme étant le plan contenant la normale à la surface et la direction de l'onde incidente.

La détermination des paramètres physiques (épaisseur de couche, indice de réfraction, etc...) d'un échantillon à partir de ψ et Δ dépend de trois facteurs :

* Des mesures précises de l'échantillon et de ses éventuels constituants (échantillon compliqué).

Contrairement à ce qui nous semblerait, ce facteur est loin d'être trivial, puisque la précision de la mesure optique ne dépend pas seulement de l'instrument, mais aussi de l'échantillon et de son état de surface. En effet, chacun pourrait obtenir des mesures précises, mais le fait que ces mesures représentent ou pas les propriétés intrinsèques réelles dépend de la qualité des hypothèses réalisées en pratique.

* Un modèle approprié pour les coefficients de réflexion r_p et r_s exprimé en fonction de la structure de l'échantillon.

Ce facteur exige la connaissance de la structure physique possible de l'échantillon ; propriétés intrinsèques des couches telles que l'hétérogénéité, l'isotropie...Ces modèles nécessitent des paramètres indépendants de la longueur d'onde (compositions, épaisseurs ou densités) qui contiennent des informations microstructurales de l'échantillon.

* La détermination systématique et objective des valeurs des paramètres du modèle à l'aide d'une régression.

II. Modèles ellipsométriques - Structure de couches :

L'ellipsométrie est une méthode indirecte, sauf pour un seul cas simple :le cas d'un matériau massif. Il est alors nécessaire de construire des modèles multicouches pour extraire les informations physiques de l'échantillon étudié après des ajustements numériques.

La plupart des modèles utilisent des substrats semi-infini avec une ou plusieurs couches d'épaisseur uniforme sur la surface. La description mathématique de l'interaction onde-matériau est donnée par les équations de Maxwell. En se basant sur ces équations, les coefficients de réflexion de Fresnel r_p et r_s peuvent être calculés.

II. 1. Echantillon massif :

Le cas le plus simple correspond à la réflexion et à la transmission à l'interface plane entre deux milieux isotropes.

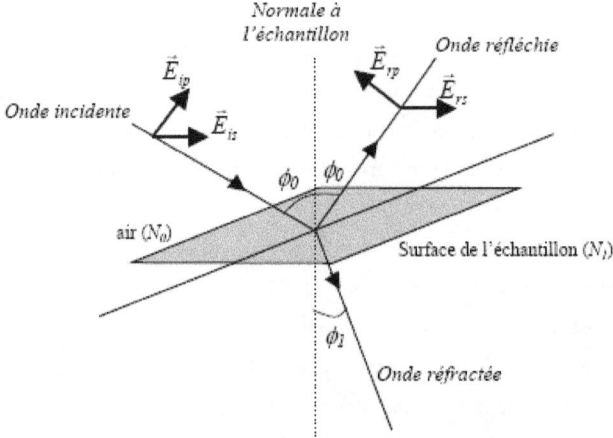

Figure II-2: *Echantillon massif.*

La figure II-2 montre les champs électromagnétiques pour la réflexion à la surface d'un échantillon (N_1) dans l'air (N_0) où N est l'indice complexe, défini par :

$$N = n + ik \qquad\qquad \text{eqII-2}$$

avec n l'indice de réfraction et k le coefficient d'extinction. Dans le cas particulier des matériaux diélectriques, N est réel.

Il est aussi possible de discuter les propriétés optiques d'un solide en termes de fonction diélectrique complexe ε, avec $\varepsilon = N^2$,

or $\varepsilon = \varepsilon_r + i\varepsilon_i$, il s'en suit que : $\varepsilon_r = n^2 - k^2$ et $\varepsilon_i = 2nk$ $\qquad\qquad$ eqII-3

avec ε_r et ε_i représentent respectivement les parties réelle et imaginaire de la fonction diélectrique complexe ε.

Les conditions de continuité des champs parallèles et perpendiculaires à l'interface, et l'application des équations de Maxwell permet d'obtenir les relations de Fresnel entre les champs incidents et réfléchis :

$$r_p = \frac{E_{rp}}{E_{ip}} = \frac{N_1 \cos\phi_0 - N_0 \cos\phi_1}{N_1 \cos\phi_0 + N_0 \cos\phi_1} \qquad \text{eqII-4}$$

$$r_s = \frac{E_{rs}}{E_{is}} = \frac{N_0 \cos\phi_0 - N_1 \cos\phi_1}{N_0 \cos\phi_0 + N_1 \cos\phi_1} \qquad \text{eqII-5}$$

où ϕ_0 représente les angles d'incidence et de réflexion, et ϕ_1 l'angle de réfraction,

r_p et r_s représentant des coefficients complexes de réflexion pour l'onde polarisée (p) et (s) respectivement, il est intéressant d'écrire séparément l'amplitude et la phase, c'est à dire :

$$r_p = |r_p| e^{i\delta_{rp}} \qquad \text{eqII-6}$$

$$r_s = |r_s| e^{i\delta_{rs}} \qquad \text{eqII-7}$$

Par suite, les angles ellipsométriques ψ et Δ définis tels que :

$$\tan\psi = \frac{|r_p|}{|r_s|} \quad \text{qui représente le rapport des modules des coefficients de réflexion. eqII-8}$$

$$\Delta = \delta_{rp} - \delta_{rs} \quad \text{qui représente la phase introduite par la réflexion.} \qquad \text{eqII-9}$$

Les angles d'incidence ϕ_0 (ou réflexion) et de réfraction ϕ_1 sont reliés par la loi de Snell-Descartes :

$$N_0 \sin\phi_0 = N_1 \sin\phi_1, \qquad \text{eqII-10}$$

Par conséquent,

$$\rho = \frac{r_p}{r_s} = \rho(N_0, N_1, \phi_0), \qquad \text{eqII-11}$$

Ainsi, pour un échantillon massif, les paramètres ellipsométriques (reliés à ρ) ne dépendent que de l'angle d'incidence et de l'indice complexe du substrat.

Dans la pratique, il s'agit du cas idéal d'un matériau massif, c'est à dire d'un substrat, n'ayant pas de couche d'oxyde, parfaitement lisse (qualité miroir) et n'ayant pas de rugosité.

La mesure de ρ permet d'avoir l'indice complexe du substrat, N_0 ($N_0 = 1$ pour l'air) et ϕ_0 étant connus, à partir de l'expression analytique :

$$N_1 = N_0 . \sin\phi_0 \sqrt{1 + (\frac{1-\rho}{1+\rho})^2 . \tan^2\phi_0} \qquad \text{eqII-12}$$

II. 2. Echantillon formé par une couche sur un substrat :

Un cas d'une importance considérable en ellipsométrie est celui de la réflexion et transmission par un échantillon composé d'un substrat (N_2) couvert par une couche uniforme (N_1), d'épaisseur d_1.

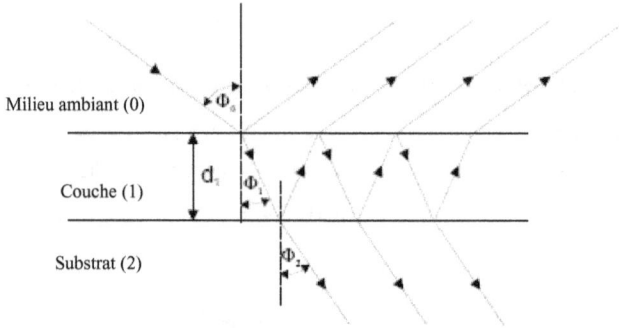

Figure II-3: *Echantillon formé par une couche sur un substrat.*

La loi de Snell-Descartes permet d'écrire:

$$N_0 \sin\phi_0 = N_1 \sin\phi_1 = N_2 \sin\phi_2 \qquad\qquad \text{eqII-13}$$

Notre objectif est de relier les amplitudes complexes des ondes réfléchies et transmises à l'amplitude de l'onde incidente, quand celle-ci est polarisée linéairement parallèlement (p) et perpendiculairement (s) au plan d'incidence. L'addition des ondes partielles donne lieu à des séries géométriques infinies pour l'amplitude réfléchie totale du système R

$$R^j = \frac{r_{01}^j + r_{12}^j e^{-i\beta}}{1 + r_{01}^j r_{12}^j e^{-i\beta}}, \text{ où } j = p, s \qquad\qquad \text{eqII-14}$$

r_{01} et r_{12} sont les coefficients de réflexion aux interfaces 0-1 (1-0) et 1-2, qui sont donnés par les équations de Fresnel (eqII-4 et eqII-5).

et
$$\beta = 2\pi \frac{d_1}{\lambda} N_1 \cos\phi_1 \qquad\qquad \text{eqII-15}$$

d'où
$$\beta = 2\pi \frac{d_1}{\lambda} N_1 \sqrt{N_1^2 - N_0^2 \sin\phi_0} \qquad\qquad \text{eqII-16}$$

Par conséquent,

$$\rho = \frac{R_p}{R_s} = \rho(N_0, N_1, d_1, \phi_0, \lambda) \qquad\qquad \text{eqII-17}$$

Si des mesures sont effectuées à plusieurs angles d'incidence ou à plusieurs longueurs d'onde, N_1, N_2 et d_1 peuvent être déterminés en se basant sur ce qui a précédé.

II. 3. Echantillon formé par des multicouches sur un substrat :

La méthode d'addition de réflexions multiples d'une onde polarisée devient beaucoup plus compliquée si le nombre (m) de couches (d'épaisseurs d_j) au-dessus du substrat est supérieur ou égale à 2.

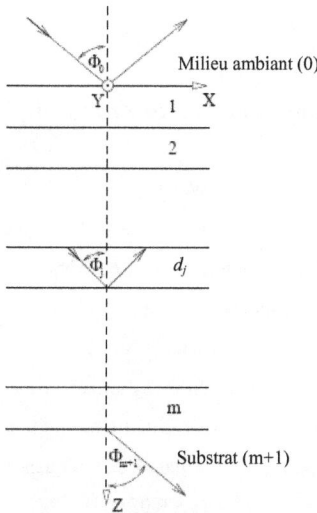

Figure II-4: *Echantillon formé par des multicouches sur un substrat.*

Il est alors plus élégant d'aborder le problème avec une approche matricielle présenté par Azzam et Bashara [1] puisque les équations gouvernant la propagation de la lumière sont linéaires, et que la continuité des composantes tangentielles des champs à travers l'interface entre deux milieux isotropes peut être traitée par une matrice de transformation linéaire.

Dans ce cas, les paramètres ellipsométriques sont donnés par :

$$\rho = \frac{R_p}{R_s} = \rho(N_0, N_1, ..., N_m, d_1, ...d_m, \phi_0, \lambda) \qquad \text{eqII-18}$$

Dans le but de déterminer les paramètres inconnus de l'échantillon, il faut augmenter le nombre d'équations indépendantes, c'est à dire faire des mesures à plusieurs angles d'incidence, à différents milieux ambiants, à différentes épaisseurs d'un même matériau. En pratique, la solution la plus utilisée est l'ellipsométrie spectroscopique ; il s'agit de mesurer simultanément les paramètres ellipsométriques ψ et Δ dans un spectre large, et de supposer que les indices des matériaux sont connus soit à partir de la base de données, soit à l'aide de lois de dispersion.

III. Instrumentation :

    III. 1. Dispositif Expérimental :

L'ellipsomètre que nous avons utilisé dans ce travail est représenté sur la figure II-5, il est composé comme suit :

* Source de lumière blanche Xénon (75 Watt).

* GES5 : Gonio-Ellipso-Spectromètre 5, composé d'un goniomètre automatique précis et reproductible à 0.01° près. Tandis que le bras B_1 peut couvrir de 7 à 90°, permettant de faire de la photométrie (à 90°) et de l'incidence normale (à 7°), le bras B_2 peut couvrir jusqu'à 350° permettant ainsi de faire de la scattérométrie.

* Polariseur et Analyseur (type Rochon) ayant un haut taux d'extinction (510^{-6}) et complètement achromatiques c'est à dire qu'ils ne nécessitent pas de calibration en fonction de la longueur d'onde λ. Le polariseur tournant à des fréquences allant de 3 à 40Hz.

* Faible divergence du faisceau : 10^{-3} Rd (~ 0.05°).

* Microspots: système de lentilles permettant d'atteindre une faible taille du spot inférieure à 50µm sur l'échantillon.

* Détecteurs: fibre UV-Visible (PhotoMultiplicateur): de 210 nm à 900 nm

                     fibre NIR3 (Photodiode GaInAs) : de 900 nm à 2000 nm

et possibilité de faire l'acquisition dans un même fichier d'un spectre allant du NIR à l'UV, avec changement automatique des fibres (IR et UV-Vis) à 890 nm.

Grâce à ses qualités et sa grande sensibilité, cet instrument peut être utilisé pour différents modes de mesure : Ellipsométrie Spectroscopique, Réflectométrie, Transmission, Ellipsométrie à angle variable, Mapping et Temps, et Scattérométrie.

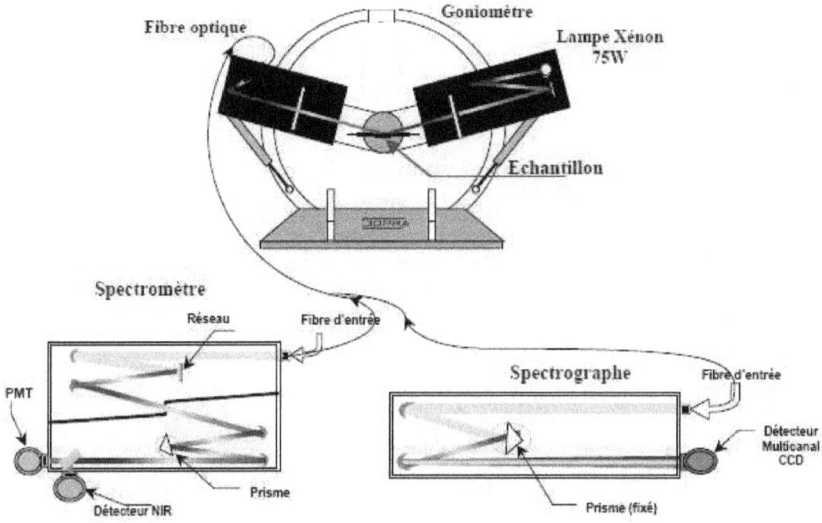

Figure II-5: *Dispositif expérimental d'ellipsométrie spectroscopique.*

III. 2. Ellipsomètre à polariseur tournant :

Il existe différentes techniques de mesure de la polarisation après réflexion sur l'échantillon, mais celles-ci utilisent toutes les mêmes éléments optiques : une source, un polariseur, un analyseur et un détecteur. Cependant, à ces éléments de base peuvent s'ajouter d'autres éléments comme les éléments modulants ou compensateurs.

III. 2. 1. Ellipsométrie à extinction :

Cette méthode utilise l'extinction du signal pour effectuer une mesure angulaire. Le dispositif optique est composé d'une source monochromatique (laser par exemple), un polariseur, un compensateur (lame quart d'onde par exemple), un analyseur et un photomultiplicateur. La polarisation étant rectiligne après le polariseur, elle devient elliptique après le compensateur, celui-ci est orienté de manière à obtenir une polarisation rectiligne après la réflexion sur l'échantillon. L'analyseur est alors orienté de manière à obtenir l'extinction du faisceau. Les orientations du polariseur P, du compensateur C et de l'analyseur permettent d'obtenir les paramètres ellipsométriques de l'échantillon à partir de la relation:

$$\rho = \tan\psi.e^{i\Delta} = -\tan A \frac{\tan C - \tan(P - C)}{1 + i \tan C \tan(P - C)} \qquad \text{eqII-19}$$

Cette méthode est assez longue même si l'instrumentation est automatique et sa précision dépend directement du bruit du détecteur puisqu'elle est basée sur la mesure du minimum du signal. Il est alors compliqué d'appliquer cette méthode à des mesures d'ellipsométrie.

III. 2. 2. Ellipsométrie à élément tournant :

Les techniques à élément tournant sont en général facilement automatisées, et peuvent être utilisées pour une large gamme spectrale. Le faisceau lumineux peut être modulé par la rotation d'un polariseur, d'un analyseur ou d'un compensateur.

III. 2. 3. Modulation de phase :

Dans ce cas, le dispositif optique est le même, mais inclue un modulateur après le polariseur. Ces deux principaux avantages sont la pauvre sensibilité à la polarisation de la source et du détecteur, ainsi que son ajustement simple. Cependant les inconvénients majeurs sont : la nécessité de calibration du modulateur en fonction de la longueur d'onde c'est à dire ajuster la modulation qui donne une sensibilité optimale à chaque longueur d'onde, ainsi que la calibration en fonction de la température.

III. 2. 3. 1. Compensateur tournant:

Les problèmes de polarisation de la source et du détecteur peuvent être supprimés avec ce genre d'ellipsomètres, mais la calibration spectrale du compensateur est difficile, et représente une source d'erreurs systématiques sur la mesure.

III. 2. 3. 2. Analyseur tournant :

Dans ce cas, le détecteur doit être non sensible à la polarisation. Le spectromètre doit donc être situé entre la source et le polariseur, ainsi, le système est plus sensible à la lumière parasite.

III. 2. 3. 3. Polariseur tournant :

Une source ayant un état de polarisation bien connu est nécessaire. Après réflexion sur l'échantillon, l'analyseur est fixé. Il n'est pas nécessaire d'avoir un détecteur non sensible à la polarisation, et le spectromètre peut être situé entre l'analyseur et le détecteur. Dans ce genre de configurations, la lumière parasite est supprimée.

Le dispositif expérimental que nous utilisons dans ce travail fonctionne sous la configuration de polariseur tournant grâce à ses avantages intrinsèques de simplicité et de suppression de lumière parasite. En effet, le dispositif utilise une fibre optique pour véhiculer la lumière vers le spectromètre, ainsi le faisceau est plus stable. La polarisation de la source est prise en compte par la procédure de calibration.

En effet, une onde non polarisée passe à travers le polariseur, et devient polarisée rectilignement. Le faisceau est ensuite réfléchi par l'échantillon et son état de polarisation change suite à cette interaction (onde-matériau). Pour déterminer la nouvelle polarisation, la lumière passe de nouveau à travers un second polariseur : l'analyseur. L'intensité du faisceau est alors mesurée et peut être exprimée en fonction des propriétés de l'échantillon, de l'angle d'incidence, ainsi que des angles du polariseur et de l'analyseur.

Le transfert de l'état de polarisation peut être décrit par la multiplication des matrices représentant chaque élément optique, et l'amplitude du champ sur le détecteur est donnée par :

$$E_{\det} = A * R(A) * E * R(P) * P * L \qquad\qquad \text{eqII-20}$$

où E_{det} est la composante du champ électrique du faisceau vu par le détecteur.

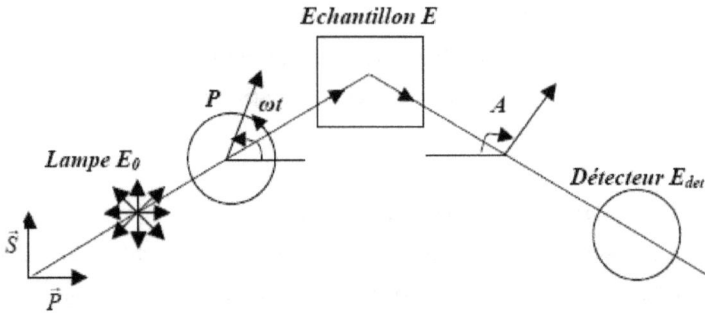

Figure II-6: *Schéma représentant les différents éléments optiques traversés par la lumière dans le dispositif expérimental d'ellipsométrie. spectroscopique.*

et les matrices représentant chaque élément :

* polariseur et analyseur linéaire : $P = A = \begin{pmatrix} 1 & 0 \\ 0 & 0 \end{pmatrix}$

* échantillon plan et isotrope : $E = \begin{pmatrix} r_p & 0 \\ 0 & r_s \end{pmatrix}$

* angle de rotation : $R(\theta) = \begin{pmatrix} \cos\theta & -\sin\theta \\ \sin\theta & \cos\theta \end{pmatrix}$

* lampe : $L = \begin{pmatrix} E_0 \\ E_0 \end{pmatrix}$

Dans le cas d'un compensateur introduisant un déphasage δ, $C = \begin{pmatrix} e^{i\delta} & 0 \\ 0 & 0 \end{pmatrix}$

L'intensité détectée peut alors être exprimée par :

$$I = I_0(\alpha.\cos 2P + \beta.\sin 2P + 1) \qquad\qquad \text{eqII-21}$$

avec $P = \omega t$: polariseur tournant et analyseur A fixe.

$$I_0 = \frac{|r_s|^2 |E_0|^2}{2} + \frac{\cos^2 A}{\tan^2 \psi + \tan^2 A} \qquad\qquad \text{eqII-22}$$

$$\alpha = \frac{\tan^2 \psi - \tan^2 A}{\tan^2 \psi + \tan^2 A} \qquad\qquad \text{eqII-23}$$

et $\qquad\qquad \beta = 2.\cos\Delta.\dfrac{\tan\psi.\tan A}{\tan^2 \psi + \tan^2 A} \qquad\qquad \text{eqII-24}$

Les coefficients α et β ne dépendent pas de l'intensité de la lampe, il n'est donc pas nécessaire d'avoir une mesure de référence pour l'intensité, d'où l'intérêt du polariseur tournant. Par suite, les paramètres ellipsométriques ψ et Δ sont déduits en fonction de α, β et A à partir de :

$$\tan\psi = \sqrt{\frac{1+\alpha}{1-\alpha}}\tan A \qquad\qquad \text{eqII-25}$$

et $\qquad\qquad \cos\Delta = \dfrac{\beta}{\sqrt{1-\alpha^2}} \qquad\qquad \text{eqII-26}$

III. 3. Acquisition :

Pour analyser et extraire pratiquement les composantes α et β dans le GES5, l'intensité sinusoïdale détectée est décomposée par la méthode d'Hadamard, et le signal est intégré chaque ¼ de période sous forme de sommes:

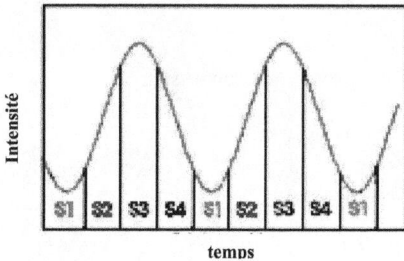

$$S_1 = \int_0^{\pi/4} I(P)dP = \frac{I_0}{2}(\alpha + \beta + \pi/2)$$

$$S_2 = \int_{\pi/4}^{\pi/2} I(P)dP = \frac{I_0}{2}(-\alpha + \beta + \pi/2)$$

$$S_3 = \int_{\pi/2}^{3\pi/4} I(P)dP = \frac{I_0}{2}(-\alpha - \beta + \pi/2)$$

$$S_4 = \int_{3\pi/2}^{\pi} I(P)dP = \frac{I_0}{2}(\alpha - \beta + \pi/2)$$

Figure II-7: Discrétisation du signal détecté par la méthode d'Hadamard.

d'où :
$$\alpha = \frac{1}{2I_0}(S_1 - S_2 - S_3 + S_4) \qquad \text{eqII-27}$$

$$\beta = \frac{1}{2I_0}(S_1 + S_2 + S_3 - S_4) \qquad \text{eqII-28}$$

et
$$I_0 = \frac{1}{\pi}(S_1 + S_2 + S_3 + S_4) \qquad \text{eqII-29}$$

Lors de la mesure, il faut ajuster le signal détecté (figure II-8) de manière à avoir le maximum de signal, ainsi qu'un bonne symétrie des sommes S_1, S_2, S_3 et S_4, en agissant sur les différents constituants de l'instrument.

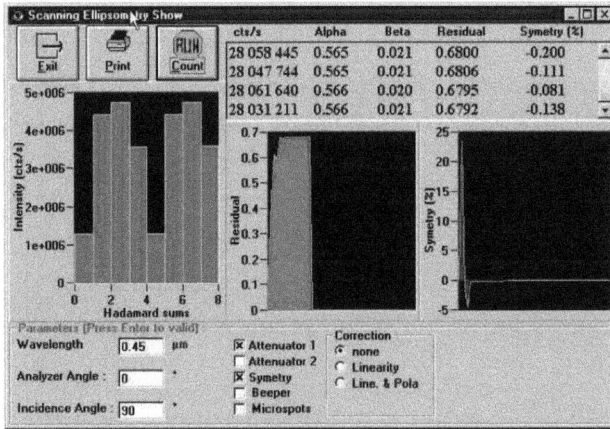

Figure II-8: *Signal détecté (vert) symétrique et maximum obtenu en trace directe.*

III. 4. Calibration :

III. 4. 1. Sources d'erreur :

Les sources d'erreurs expérimentales peuvent être décrites comme suit:

$$\rho = \frac{r_p}{r_s} = (\tan\psi).e^{i\Delta}$$

$$Ln\rho = Ln(\tan\psi) + i\Delta$$

$$\frac{d\rho}{\rho} = \frac{2\delta\psi}{\sin 2\psi} + i\delta\Delta$$

d'où
$$\delta\psi = \frac{1}{2}(\sin 2\psi).\text{Re}(\frac{d\rho}{\rho}) \qquad \text{eqII-30}$$

et
$$\delta\Delta = \text{Im}(\frac{d\rho}{\rho})$$
eqII-31

or
$$\frac{\delta\rho}{\rho} = \frac{\delta r_p}{r_p} + \frac{\delta r_s}{r_s}$$
eqII-32

Les erreurs δr_p et δr_s sont associées aux bruits des différents éléments de l'instrument tels que source lumineuse et détecteurs. D'autres sources d'erreurs de mesure possibles sont dues aux :

* imperfections dans les polariseurs qui peuvent générer une ellipticité résiduelle du faisceau, d'où la nécessité d'utiliser des éléments optiques de haute qualité.

* erreurs dans les valeurs initiales des azimuts du polariseur et de l'analyseur.

* erreurs dans l'angle d'incidence qui peuvent être dues à la divergence du faisceau (nécessité de collimater le faisceau et d'un bon alignement optique), inhomogénéités et rugosités à la surface de l'échantillon.

La précision des mesures faites par le dispositif expérimental que nous avons utilisé est typiquement de l'ordre de 10^{-3} à 10^{-4} sur $tan\psi$ et $cos\Delta$, ce résultat dépend naturellement du matériau du substrat, de l'ange d'incidence, ainsi que de la longueur d'onde de mesure. Il est important de rappeler que l'ellipsométrie est très sensible aux propriétés de surface d'un échantillon.

III. 4. 2. Positions initiales du polariseur et de l'analyseur :

Une mesure précise de la position du plan d'incidence de l'échantillon est nécessaire pour déduire avec précision la position de l'analyseur A. Dans le cas d'un instrument à polariseur tournant comme celui que nous avons utilisé, cette procédure est simplifiée par la technique du minimum résiduel.

Après le polariseur, le faisceau est polarisé rectilignement. Cependant, après réflexion sur l'échantillon, le faisceau ne peut être linéaire que dans deux cas :

* Si l'axe privilégié du polariseur est dans le plan d'incidence (composante (p) du champ électrique).

* Si l'axe privilégié du polariseur est perpendiculaire au plan d'incidence (composante (s) du champ électrique).

Il est alors suffisant de mettre l'analyseur perpendiculaire à ces deux orientations pour réduire l'intensité du signal à zéro pendant la rotation du polariseur.

56

Le minimum du signal peut être exprimé par :

$$I_{\min} = I_0(1 - \sqrt{\alpha^2 + \beta^2})$$ eqII-33

Le paramètre d'intensité résiduelle R est défini par :

$$R = 1 - \alpha^2 - \beta^2$$ eqII-34

R est nulle quand l'analyseur est aligné avec le plan d'incidence. En pratique, différentes mesures sont effectuées pour plusieurs positions autour de la position zéro de l'analyseur. La position du plan d'incidence est alors déterminée par le minimum du paramètre R.

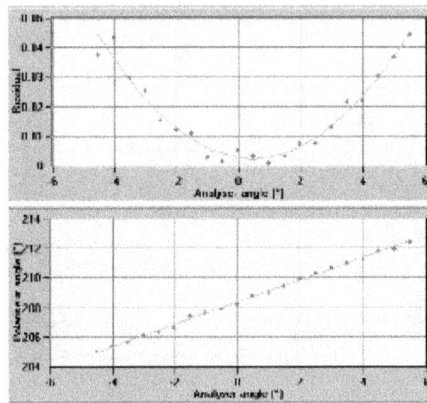

Figure II-9: *Méthode du minimum résiduel pour déterminer les positions initiales de P et A.*

Pendant la mesure, nous avons intérêt à rendre maximum le rapport signal/bruit et ainsi de réduire la contribution sinusoïdale par rapport à la contribution constante du signal en ajustant la position de l'analyseur A.

La dérivée de la contribution du signal sinusoïdal en fonction de A est donnée par :

$$\frac{\partial(\alpha^2 + \beta^2)}{\partial A} = (\tan^2 A - \tan^2 \psi)(4 - 2\cos^2 \Delta)$$

celle-ci est nulle pour $\tan^2 A - \tan^2 \psi = 0$ eqII-35

L'équation précédente donne la valeur de travail de l'analyseur A, qui doit être autour de la valeur de ψ.

IV. Echantillon de référence :

L'échantillon de référence dont nous disposons est un échantillon secondaire élaboré à partir d'un échantillon standard du NIST (SRM 2530-390-1) et utilisé pour vérifier la fiabilité de l'instrument; la technique d'ellipsométrie, la procédure d'alignement optique, la calibration, ainsi que le logiciel mathématique utilisé pour extraire les mêmes paramètres physiques que ceux du NIST. L'échantillon de référence doit être stable dans le temps, c'est à dire que l'épaisseur d'oxyde n'augmente pas plus de 0.1 nm /an.

Il s'agit d'un échantillon de Si recouvert d'une couche de SiO_2, la figure II-10 montre que l'épaisseur trouvée (0.117836 ± 0.000154) μm est en bon accord avec la valeur indiquée sur l'échantillon.

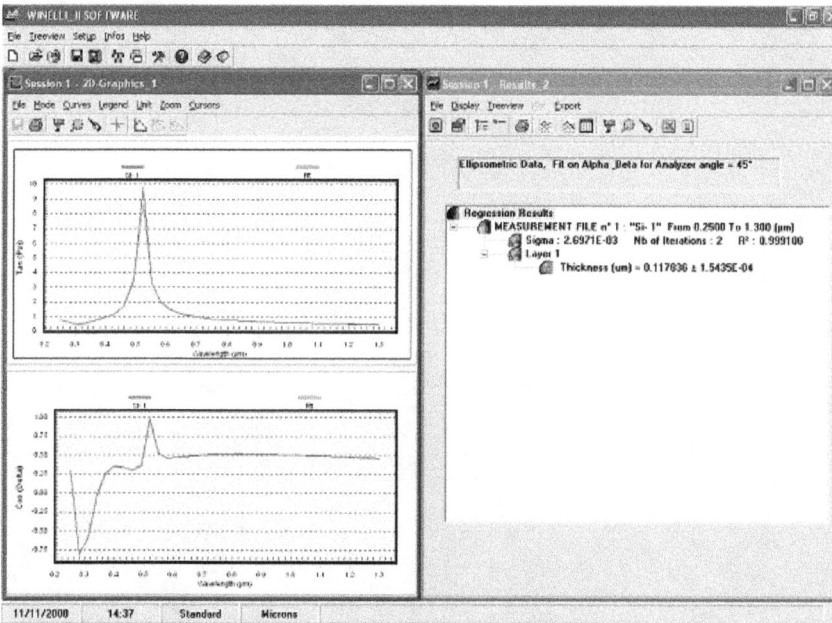

Figure II-10: *Mesure de l'échantillon de référence de SiO_2/Si.*

V. Choix de l'angle d'incidence :

Nous avons indiqué ci-dessus que plusieurs sources d'erreurs expérimentales peuvent introduire des incertitudes dans la valeur des paramètres ellipsométriques ψ et Δ, d'où l'intérêt de faire un choix adéquat de l'angle d'incidence.

La variation des quantités ellipsométriques : Δ, ψ, $\left|r_p\right|$ et $\left|r_s\right|$ avec l'angle d'incidence est donné par Azzam et Bashara [1] pour un faisceau incident entre air et différents milieux. La figure II-11 montre un exemple de cette dépendance pour un semiconducteur, matériau faiblement absorbant qui est le silicium. Plusieurs points sont à préciser :

1) Pour les matériaux non absorbants, $\left|r_p\right|$ s'annule pour un angle d'incidence particulier appelé : angle de Brewster θ_p. Pour le silicium, θ_p=76.

2) Pour les matériaux absorbants, $\left|r_p\right|$ ne s'annule pas pour l'angle de Brewster, mais passe par une valeur minimale, il s'en suit alors que le rapport $\tan\psi = \dfrac{\left|r_p\right|}{\left|r_s\right|}$ est minimum, et la différence de phase $\Delta = 90°$.

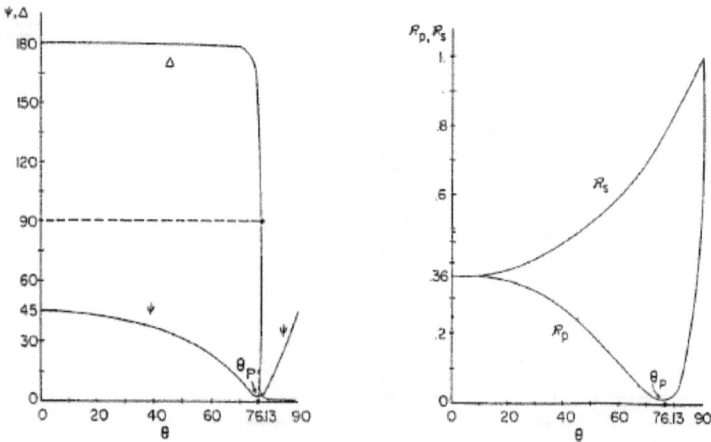

Figure II-11: *Angles ellipsométriques Δ et ψ, et intensités $\left|r_p\right|$ et $\left|r_s\right|$ en fonction de l'angle d'incidence pour le silicium [2]. θ_p représente l'angle de Brewster.*

En effet, puisque $\rho = \rho(N_0, N_1, ..., N_m, d_1, ... d_m, \phi_0, \lambda)$, donc s'il y a un changement dans un

paramètre δb_j du matériau étudié, nous pouvons écrire par exemple :

$$\delta\rho = (\frac{\partial\rho}{\partial b_j})\delta b_j \qquad\qquad \text{eqII-36}$$

où la quantité complexe $\dfrac{\partial\rho}{\partial b_j}$ généralement dépend de l'angle d'incidence pour un système.

La figure II-12 montre $\dfrac{\partial|\rho|}{\partial n}$ en fonction de l'angle d'incidence [2] pour le silicium. Il s'en

suit qu'un faible changement dans les propriétés du matériau entraine un changement de ψ et

Δ ; c'est à dire que la sensibilité de l'ellipsomètre dépend de l'angle d'incidence. La mesure

est alors effectuée sous un angle d'incidence qui donne le maximum de sensibilité, c'est

l'angle Brewster du matériau. En général, les angles d'incidence utilisés en littérature varient

de 40 à 80°.

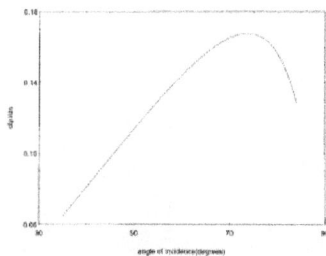

Figure II-12: *Sensibilité de* $|r_p|$ *à un faible changement de l'indice de réfraction n, en fonction de*
l'angle d'incidence. Le maximum de sensibilité est observée autour de l'angle de Brewster.

Il est important de noter que l'indice ne dépend pas de l'angle d'incidence, mais de la

longueur d'onde.

Pour une étude précise de nos échantillons représentant des alliages de GaAs, il est alors important de connaître avec précision l'angle d'incidence de travail, c'est à dire l'angle de Brewster de GaAs. Les figures II-13 (a) et (b) représentent respectivement l'intensité $\left|r_p\right|^2$ en fonction de l'angle d'incidence pour λ=0.8 μm, et une représentation en trois dimensions de l'intensité $\left|r_p\right|^2$, de l'angle d'incidence et de λ. Un angle d'incidence autour de 75° représente une valeur adéquate pour GaAs et ses alliages.

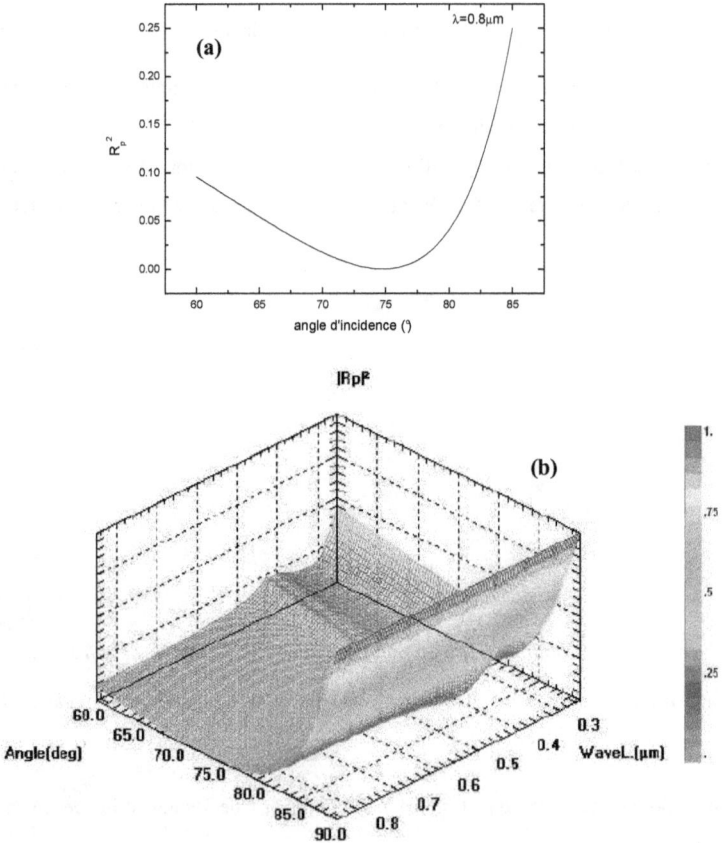

Figure II-13: Intensité $\left|r_p\right|^2$ en fonction de l'angle d'incidence pour λ=0.8 μm (a), et représentation en trois dimensions de l'intensité $\left|r_p\right|^2$, de l'angle d'incidence et de λ (b), pour GaAs.

VI. Effet de la couche d'oxyde :

L'ellipsométrie spectroscopique a été largement appliquée pour l'étude des réponses diélectriques des semiconducteurs et en particulier les énergies des points critiques utilisées pour estimer les compositions des alliages [3-8]. Cette technique optique est suffisamment sensible pour déterminer des épaisseurs de couches d'oxyde à l'échelle du picomètre [9]. Malheureusement, une telle sensibilité devient un inconvénient quand il s'agit soit de déterminer la réponse diélectrique intrinsèque d'un matériau ou de déterminer les énergies des points critiques dont dépend l'analyse de la composition d'alliages semiconducteurs. Les deux méthodes de base concernant les effets d'oxyde sont soit l'approche directe en les enlevant par un traitement chimique [10], soit par une méthode mathématique indirecte de correction quand l'épaisseur et la fonction diélectrique de l'oxyde sont connues. Puisque l'approche directe n'est pas idéale même dans les conditions les plus favorables, c'est à dire que même après un traitement chimique une couche d'oxyde est toujours présente, il est important d'évaluer les effets d'oxyde sur les paramètres des points critiques, en particulier sur leurs énergies.

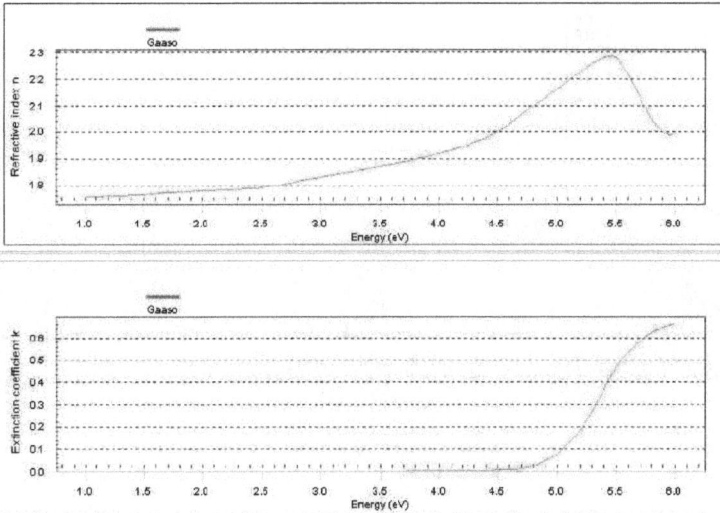

Figure II-14: Indice complexe de l'oxyde natif de GaAs en fonction de l'énergie [13, 14].

Les courbes de GaAs dans la figure II-15 montrent un comportement typique, décrit par une forte réduction de l'amplitude de la partie imaginaire de la fonction diélectrique au voisinage de l'énergie de transition E_2 autour de 4.8 eV [10-12] avec l'augmentation de l'épaisseur de la couche d'oxyde de 0 à 30A° (5, 10, 15, 20 et 30 A°). La référence GaAs est obtenue de [10], la couche d'oxyde (figure II-14) représente l'oxyde natif de GaAs [13, 14]. Jung et al. [15] ont trouvé que les énergies ainsi que les élargissements des points critiques sont relativement non affectés par la couche d'oxyde, du moins pour les transitions E_1 et $E_1+\Delta_1$, qui sont les plus utilisées pour des analyses de composition, tandis que les amplitudes et les phases se voient plus affectées.

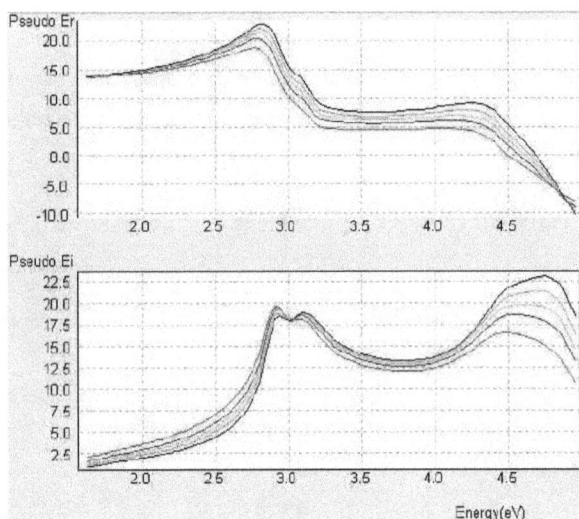

Figure II-15: Fonction pseudodiélectrique de GaAs en fonction de l'énergie pour différente épaisseurs de la couche d'oxyde de 0 à 30A° (5, 10, 15, 20 et 30 A°).

Exemple : Effet de traitement d'oxyde sur la 2ème série de GaAsSb :

Nous avons trouvé [16] les épaisseurs de la couche d'oxyde pour les échantillons de GaAs$_{1-x}$Sb$_x$ (x = 0.0, 6.7, et 10.8%) respectivement de 34.9, 37.5 et 25.1 A°. Après traitement chimique (TC) dans une solution de NH$_4$OH dans de l'eau désionisée [10] pendant une minute, les épaisseurs de la couche d'oxyde ont été réduites à 10.9, 20 and 20 A° respectivement. La diminution de l'épaisseur de la couche d'oxyde affecte l'absorption de la lumière par l'échantillon qui se reflète par la diminution de la partie imaginaire de la fonction pseudo-diélectrique (pseudo $\varepsilon_2(E)$) autour de 4.5 eV par rapport à celle des échantillons non traités (Tableau II-1). Un traitement chimique effectué sur du GaAs massif [9] a révélé une valeur de $\varepsilon_2(E)$ de 25.59, ce qui prouve que la valeur que nous avons trouvée (21.06) pour GaAs est en bon accord.

pseudo $\varepsilon_2(E)$	x =0.0%	x =6.7%	x =10.8%
avant TC	15.17	15.02	17.12
après TC	21.06	19.01	19.83

Tableau II-1: *Partie imaginaire de la fonction pseudodiélectrique de GaAs$_{1-x}$Sb$_x$ (x=0.0, 6.7 et 10.8%) autour de 4.5 eV avant et après traitement chimique.*

Références

[1] R. M. A. Azzam and N. M. Bashara, Ellipsometry and Polarized Light (North Holland, Amsterdam, 1977), Elisabeth Cicerrella, Ph. D. Thesis (2006), Peter Petrik, Ph. D. Thesis (1999).

[2] T. E. Jenkins, J. Phys. D: Appl. Phys. 32, R45, (1999).

[3] S. M. Kelso, D. E. Aspnes, M. A. Pollack, and R. E. Nahory, Phys. Rev. B 26, 6669, (1982).

[4] J. Humlicek, M. Garriga, M. I. Alonso, and M. Cardona, J. Appl. Phys. 65, 2827, (1989).

[5] P. G. Snyder, J. A. Woollam, S. A. Alterovitz, and B. Johs, J. Appl. Phys. 68, 5925, (1990).

[6] C. M. Herzinger, H. Yao, P. G. Snyder, F. G. Celii, Y. C. Kao, B. Johs, and J. A. Woollam, J. Appl. Phys. 77, 4677, (1995).

[7] R. Lange, K. E. Junge, S. Zollner, S. S. lyer, A. P. Powell, and K. Eberl, J. Appl. Phys. 80, 4578 (1996).

[8] H. Kanazawa, S. Adachi, T. Yamaguchi, S. Murashige, and K. Murakami, J. Appl. Phys. 86, 2611, (1999).

[9] D. E. Aspnes and A. A. Studna, Appl. Phys. Lett. 39, 316, (1981).

[10] D. E. Aspnes and A. A. Studna, Phys. Rev. B 27, 985 (1983).

[11] P. Lautenschlager, M. Garriga, S. Logothetidis, and M. Cardona, Phys. Rev. B 35, 9174 (1987).

[12] Stephan Zollner, J. Appl. Phys. 90, 515 (2001).

[13] D. E. Aspnes, G. P. Schwartz, G. J. Gualtieri, A. A. Studna, and B.Schwartz, J. Electrochem. Soc. 128, 590, 1981

[14] M. Losurdo, P. Capezzuto, and G. Bruno, Phys. Rev. B, 56, 16, 10 621 (1997).

[15] Y. W. Jung, T. H. Ghong, and Y. D. Kim, D. E. Aspnes, Appl. Phys. Lett. 91, 121903, (2007).

[16] N. Ben Sedrine, T. Gharbi, J. C. Harmand, and R. Chtourou. Physica Status Solidi (a) 205, No.4, 833-836 (2008).

Chapitre III :

Analyse des Mesures Ellipsométriques

Il existe trois grandes classes de matériaux :

* Les diélectriques qui sont généralement transparents dans le visible, ils deviennent absorbants dans l'ultra-violet, et présentent des bandes d'absorption dans l'infra-rouge. Nous citons par exemple :les oxydes (SiO_2, TiO_2), les fluorures (MgF_2), les fibres optiques, les traitements antireflets…

* Les semiconducteurs (tels que Si, Ge, GaAs, GaSb…) qui ont des lois de dispersion ayant plusieurs structures dans le visible reliées à leur structure de bandes.

* Les métaux très absorbants dans le visible et ne peuvent être caractérisés qu'en couches très minces. Nous citons par exemple :Au, Al, Cu, Co, Fe…

Dans ce chapitre nous présentons en première partie une idée sur le choix du modèle adéquat lors de l'analyse des mesures ellipsométriques à savoir les mélanges d'indices et les différentes lois de dispersion (reliées à l'indice ou à la fonction diélectrique). Ensuite, la méthode utilisée pour obtenir la meilleure qualité du modèle afin de remonter aux vraies propriétés de l'échantillon. La troisième partie sera dédiée à la fonction diélectrique complexe et à sa relation avec la structure de bandes du matériau.

I. Représentation optique de l'indice et choix du modèle :

Pour étudier des matériaux ayant des réponses diélectriques inconnues (ou indice complexe), nous utilisons soit un modèle d'ajustement ou des données diélectriques d'un matériau similaire comme point de départ pour l'ajustement.

I. 1. Mélange d'indices :

Le mélange d'indices peut être utilisé soit dans une même couche, pour la rugosité à la surface, soit à l'interface c'est à dire entre deux couches.

Quatre types de modèles de mélanges des matériaux sont possibles : modèle de Bruggeman (ou approximation des milieux effectifs EMA) [1], modèle de Maxwell Garnett [2], modèle de Lorentz Lorentz, modèle de Ping Sheng [3]. Ces modèles sont basés sur le caractère additif de la polarisabilité, qui sont relatifs à la généralisation de la relation de Claussius Mossotti [4].

Pour la rugosité [5], quand $\lambda \ll T$ (longueur de corrélation ou dimension moyenne de la rugosité dans le plan de l'interface), l'approximation des milieux effectifs (EMA) est généralement employée. La lumière voit la rugosité comme étant un mélange physique entre deux milieux sur chaque côté de l'interface. L'interface rugueuse est alors modélisée par une couche uniforme dont la fonction diélectrique est approximée par un mélange des fonctions diélectriques des deux milieux de part et d'autre de l'interface.

I. 2. Lois de dispersion :

Une loi de dispersion est un modèle mathématique qui permet de simuler les indices optiques (ou la fonction diélectrique) et leurs variations en fonction de la longueur d'onde.

Différentes descriptions de la fonction diélectrique ou de l'indice relatives aux couches minces sont utilisées, nous en citons les plus répandues.

I. 2. 1. Dispersion à indice fixe :

Cette forme de dispersion est donnée par un indice de réfraction et un coefficient d'extinction constants pour toutes les longueurs d'onde :

$$\begin{cases} n(\lambda) = n \\ k(\lambda) = k \end{cases} \qquad \text{eqIII-1}$$

Cette loi est applicable pour des matériaux non dispersifs comme le vide, et souvent utilisée quand la mesure est faite dans différents milieux ambiants (pour l'air n=1 et k=0, liquides).

Cette loi peut aussi être utilisée pour diminuer le nombre de paramètres d'ajustement quand la dispersion d'un matériau peut être négligée.

I. 2. 2. Lois de Cauchy :

La plus ancienne loi de dispersion empirique a été établie par Cauchy en 1836.

I. 2. 2. 1. Matériaux transparents :

$$\begin{cases} n(\lambda) = A + \dfrac{B}{\lambda^2} + \dfrac{C}{\lambda^4} \\ k(\lambda) = 0 \end{cases} \qquad\qquad \text{eqIII-2}$$

A, B et C sont les paramètres d'ajustement.

A est un paramètre sans dimension, $n(\lambda) \to A$ quand $\lambda \to \infty$.

B (nm^2) est un paramètre qui agit sur la courbure et l'amplitude de l'indice de réfraction pour des longueurs d'onde moyennes dans le visible.

C (nm^4) est un paramètre qui agit sur la courbure et l'amplitude de l'indice de réfraction pour des faibles longueurs d'onde dans l'ultra-violet.

Généralement, $0 < |C| < |B| < 1 < A$.

Cette loi est valable pour des matériaux non absorbants dans le domaine visible (isolants, verre), et par suite possède une dispersion monotone qui se traduit par une diminution de l'indice de réfraction en augmentant la longueur d'onde : $1 < n(\lambda_{rouge}) < n(\lambda_{bleu})$.

I. 2. 2. 2. Matériaux absorbants :

$$\begin{cases} n(\lambda) = A + \dfrac{B}{\lambda^2} + \dfrac{C}{\lambda^4} \\ k(\lambda) = D + \dfrac{E}{\lambda^2} + \dfrac{F}{\lambda^4} \end{cases} \qquad\qquad \text{eqIII-3}$$

A, B, C, D, E et F sont les paramètres d'ajustement.

Les paramètres D, E et F pour k sont analogues respectivement à A, B et C pour n.

Cette loi est valable pour des matériaux faiblement absorbants.

La formulation de Cauchy ne peut pas être facilement applicable pour les métaux et les semiconducteurs. Les paramètres utilisés n'ont aucune signification physique et ces relations empiriques ne vérifient pas les relations de Kramers-Kronig.

I. 2. 3. Lois de dispersion de Sellmeier :

La loi de dispersion de Sellmeier (1871) est semi-empirique, mais reste plus précise que la loi de dispersion de Cauchy pour caractériser l'indice de réfraction d'un matériau dans un domaine spectral plus large.

I. 2. 3. 1. Matériaux transparents :

$$\left\{ \begin{array}{l} n^2(\lambda) = A + B\dfrac{\lambda^2}{\lambda^2 - \lambda_0{}^2} \\ k(\lambda) = 0 \end{array} \right. \qquad \text{eqIII-4}$$

A, B et λ_0 sont les paramètres d'ajustement.

A ($A \leq 1$) est un paramètre sans dimension, $n(\lambda) \rightarrow A$ quand $\lambda \rightarrow \infty$ et $B \sim 0$. A représente la contribution du terme UV.

B ($A \leq B$) est un paramètre sans dimension qui détermine la forme de l'indice de réfraction dans le domaine visible.

λ_0 (*nm*) est la longueur d'onde de résonance pour laquelle l'indice de réfraction diverge. L'ajustement doit être fait pour des longueurs d'onde $\lambda \neq \lambda_0$, pour éviter que $n^2(\lambda) \rightarrow \infty$. C'est un paramètre qui agit sur la courbure et l'amplitude de l'indice de réfraction pour des longueurs d'onde moyennes dans le visible.

I. 2. 3. 2 Matériaux absorbants :

$$\left\{ \begin{array}{l} n^2(\lambda) = \dfrac{1+A}{1+\dfrac{B}{\lambda^2}} \\ k(\lambda) = \dfrac{C}{n.D.\lambda + \dfrac{E}{\lambda} + \dfrac{1}{\lambda^3}} \end{array} \right. \qquad \text{eqIII-5}$$

A est un paramètre sans dimension, $n(\lambda) \rightarrow \sqrt{1+A}$ quand $\lambda \rightarrow \infty$.

B (*nm²*) est un paramètre sans dimension qui affecte la courbure de l'indice de réfraction.

C est un paramètre sans dimension.

D (*nm⁻¹*), E (*nm*) sont des paramètres d'ajustement.

Les paramètres utilisés n'ont aucune signification physique et ces relations empiriques ne vérifient pas les relations de Kramers-Kronig.

I. 2. 4. Modèle de Drude :

Ce modèle [6] décrit les propriétés optiques des métaux. Un champ électromagnétique induit une polarisation dans les matériaux métalliques et provoque le déplacement des électrons de conduction du métal, ces deux phénomènes déterminent ses propriétés optiques.

I. 2. 5. Assemblée d'Oscillateurs Harmoniques Classiques (HOA):

C'est la loi de dispersion [7] la plus utilisée (appelé aussi Fonction Diélectrique Standard) pour simuler les indices des matériaux diélectriques; ce modèle est défini en trois étapes : terme Ultra-Violet (UV) (Sellmeier, Cauchy), terme Infra-Rouge (IR) (Drude) et des termes relatifs aux pics (Fonction Lorentziennes ou Gaussiennes).

Ce modèle représente l'approche semi-classique où la fonction diélectrique ε est décrite comme une somme de N oscillateurs. Le modèle des oscillateurs est un des plus utilisés en littérature et représente la méthode choisie pour connaître avec précision l'origine microscopique de la fonction diélectrique. En utilisant un nombre d'oscillateurs suffisamment grand, une fonction diélectrique quelconque peut être bien décrite, mais ceci entraîne un grand nombre de paramètres dont la plupart ne sont pas physiques. Il est possible, par exemple, qu'une description de ε à plusieurs oscillateurs soit réalisée par certains qui possèdent une force d'oscillateur négative. Ces oscillateurs qui ne sont pas physiques diminuent la force d'oscillateur au voisinage des transitions et entrainent une forme asymétrique de la courbe, ce qui n'a aucune réalité physique de la transition dans la structure électronique du matériau. Dans l'approximation des oscillateurs harmoniques, $\varepsilon(E)$ est donnée par :

$$\varepsilon(E) = \sum_{j=1}^{N} A_j \left(\frac{1}{E + E_j + i\Gamma_j} - \frac{1}{E - E_j + i\Gamma_j} \right) \qquad \text{eqIII-6}$$

où A_j, Γ_j et E_j sont respectivement l'amplitude, la largeur et l'énergie centrale du $j^{\text{ème}}$ oscillateur.

En utilisant les oscillateurs harmoniques comme base, la plupart des propriétés nécessaires de $\varepsilon(E)$, c'est à dire la causalité, la linéarité, la relation de Kramers Krönig, sont satisfaites automatiquement. Néanmoins l'équation précédente ne représente pas nécessairement le moyen le plus efficace pour décrire les réponses diélectriques.

I. 2. 6. Modèle Standard des Points Critiques (SCP) :

Ce modèle [8, 9] donne l'opportunité de définir quatre types de points critiques (CP) dans le même matériau (voir paragraphe III). Le terme UV est constant et les différents types de points critiques sont basés sur la même expression analytique. La description de ε dans le modèle des SCP est basé sur les singularités de la densité d'états (DOS), c'est à dire où la DOS est la plus élevée.

La fonction diélectrique ε est donc exprimée comme étant une somme des contributions des points critiques des différentes transitions :

$$\varepsilon(E) = \sum_{j=1}^{N} [C_j - A_j e^{i\phi_j} (E - E_{cj} + i\Gamma_j)^n]$$ eqIII-7

où le point critique *j* est décrit par l'amplitude A_j, l'énergie E_{cj}, l'élargissement Γ_i, la phase ϕ_i et *n* la dimension du point critique.

I. 2. 7. Modèle de Forouhi:

Il est basé sur la théorie quantique de l'absorption. La formulation [10-12] est applicable pour les matériaux semiconducteurs et diélectriques amorphes, pour les semiconducters cristallins, pour les diélectriques et les métaux au voisinage de la région interbandes.

I. 2. 8. Modèle de la Fonction Diélectrique (MDF) :

Ce modèle est utilisé dans la simulation des fonctions diélectriques des semiconducteurs (gap direct [13, 14], gap indirect [15]). Il inclue l'effet des formes discrètes excitoniques (Wannier-like) dans le point critique.

$$\varepsilon^{(J)}(E) = -A_j \chi_j^{-2} Ln(1 - \chi_j^2), \quad \text{avec } \chi_j = (E + i\Gamma_j)/E_j$$ eqIII-8

pour la contribution des excitons $\varepsilon^{(jx)}(E) = \dfrac{A_{jx}}{E_j - E - i\Gamma_{jx}}$,

Adachi a employé avec succès le MDF pour caractériser plusieurs composés semiconducteurs III-V ainsi que les alliages $Ga_{1-x}Al_xAs$.

I. 2. 9. Modèle de Tauc-Lorentz :

Ce modèle [16] est utilisé généralement pour la paramétrisation des fonctions optiques pour les semiconducteurs amorphes.

Dans le tableau III-1, nous résumons les modèles de dispersion conseillés pour les différents types de matériaux.

Matériaux		Modèle conseillé	Exemples
diélectriques	transparents	Fonction diélectrique standard (HOA)	SiO_2, SiN, Al_2O_3, GaAs (0.6-1.3 eV)
	absorbants à un pic	Modèle de Tauc-Lorentz, Modèle de Forouhi	TiO_2, SiN, a-Ge, verre
	absorbants à n pics	Fonction diélectrique standard (HOA), Modèle de Tauc-Lorentz, Modèle de Forouhi	Fe_3O_4, polyéthlène, polystyrène, polycarbonate
semiconducteurs		Modèle standard des points critiques, Modèle de la fonction diélectrique, Modèle de Forouhi	Alliages III-V, II-VI, GaAs, GaN, InP, ZnO, AlGaAs
métaux		Modèle de Tauc-Lorentz, Fonction diélectrique standard (HOA), Modèle de Drude	Al, Ag

Tableau III-1 : Choix de modèles de dispersion selon le type de matériau.

II. Modélisation et analyse des mesures ellipsométriques :

Comme nous avons déjà indiqué précédemment, l'ellipsométrie est une technique indirecte qui nécessite l'utilisation d'un modèle, puisque les paramètres mesurés (ψ et Δ) ne sont pas les quantités physiques que nous souhaitons déterminer, c'est à dire qu'il n'est pas possible d'inverser les équations de Fresnel afin d'obtenir directement les inconnues de notre système : épaisseur, indice de réfraction, composition d'alliage….

Les étapes de base, ou aussi appelées par les spécialistes « Règles d'or », de cette approche comprennent :

1) La mesure des angles ellipsométriques en fonction des longueurs d'onde dans les meilleures conditions (chapitre II).

2) La construction d'un modèle physique qui décrit l'échantillon mesuré : couches discrètes et bien déterminées (chapitre II), possédant des valeurs d'épaisseur et de constantes optiques (paragraphe I). A cette étape nous sélectionnons les propriétés et les paramètres inconnues de l'échantillon comme paramètres d'ajustement.

Ces paramètres sont variés dans le but de minimiser la fonction erreur définie par :

$$S = \frac{1}{n-m-1} \sum_{j=1}^{n} \frac{\left| \rho_{\exp}(\phi_0^j, \lambda^j) - \rho_{\mathrm{model}}(\phi_0^j, \lambda^j, B) \right|^2}{\left| \delta\rho(\phi_0^j, \lambda^j) \right|^2} \qquad \text{eqIII-9}$$

$$S = \frac{1}{n-m-1} \left(\sum_{j=1}^{n} \frac{\left| \psi_{\exp}(\phi_0^j, \lambda^j) - \psi_{\mathrm{model}}(\phi_0^j, \lambda^j, B) \right|^2}{\left| \delta\psi(\phi_0^j, \lambda^j) \right|^2} + \sum_{j=1}^{n} \frac{\left| \Delta_{\exp}(\phi_0^j, \lambda^j) - \Delta_{\mathrm{model}}(\phi_0^j, \lambda^j, B) \right|^2}{\left| \delta\Delta(\phi_0^j, \lambda^j) \right|^2} \right)$$

avec : n le nombre de points expérimentaux (nombre de longueurs d'onde λ^j ou d'angles d'incidence ϕ_0^j),

$\rho_{\exp}(\phi_0^j, \lambda^j)$ représente le taux complexe de réflectance mesurée.

$\rho_{\mathrm{model}}(\phi_0^j, \lambda^j, B)$ représente le taux complexe de réflectance d'après le modèle utilisé, où B traduit les propriétés de l'échantillon et m le nombre d'inconnues (épaisseur de couche d_c, indice complexe du substrat (n_s, k_s), indice complexe de la couche (n_c, k_c)...).

La procédure de modélisation nécessite une bonne estimation des valeurs des constantes optiques dans le modèle, et par suite l'utilisation du meilleur algorithme qui permet de faire converger vers les meilleures valeurs des paramètres physiques. La méthode appropriée et la plus utilisée est celle des moindres carrés qui utilise l'algorithme de Levenberg-Marquardt [17]. Cette approche nécessite de faire attention à la corrélation éventuelle entre les différents paramètres du modèle. En effet, il peut y avoir corrélation entre 2 paramètres b_j et b_k si :

$$\frac{\partial X}{\partial b_j} = C \frac{\partial X}{\partial b_k} \qquad \text{eqIII-10}$$

où C est une constante pour les longueurs d'ondes ou les angles d'incidence mesurés et X représente soit ψ soit Δ.

Mathématiquement, la corrélation réduit le nombre d'équations indépendantes, c'est pour cela qu'il faut quelques fois procéder à une bonne estimation d'un ou plusieurs paramètres pour garder les équations indépendantes, c'est à dire de manière à ce que la corrélation entre les différents paramètres doit être minimale.

3) La détermination des propriétés de l'échantillon dépend des résultats du processus d'ajustement (figure III-1). Si ceux-ci ne sont pas satisfaisants (élevés), un nouveau modèle ou de nouveaux paramètres doivent être utilisés jusqu'à ce que la meilleure description physique de l'échantillon sur le maximum de la gamme spectrale soit obtenue. En d'autres termes :

* si $S \gg 1$, le modèle diverge complètement de la mesure.

* si $S \ll 1$, l'erreur est grande (il faut que celle-ci ne dépasse pas 1%).

* si $S \approx 1$, il s'agit d'un bon modèle. Dans ce cas, les paramètres sont supposés être les « vraies » constantes optiques du matériau étudié.

Le tableau III-2 montre des exemples de modèles de dispersion ainsi que les meilleurs paramètres d'ajustement utilisés, relatifs à l'oxyde de GaAs, à GaAs, à GaN et à l'oxyde de Silicium.

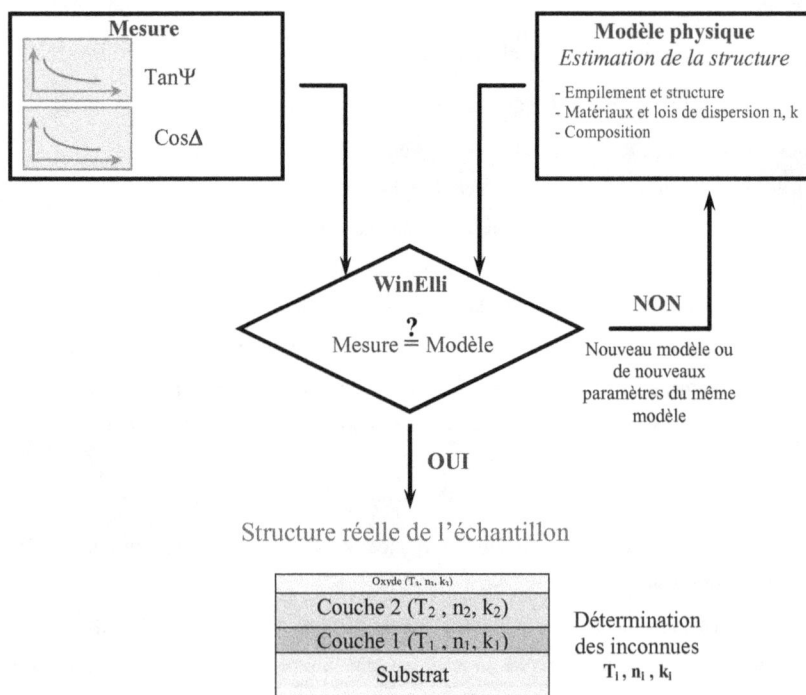

Figure III-1 : *Procédure d'analyse (logiciel WinElli) des mesures ellipsométriques.*

Matériaux	Modèle utilisé	
GaAs Oxide (0.75 - 4.75 eV)	Modèle de la fonction diélectrique $$\varepsilon = \varepsilon_\infty + \frac{(\varepsilon_s - \varepsilon_\infty)\,\omega_t^2}{\omega_t^2 - \omega^2 + i\,\Gamma_0\,\omega}$$	$\varepsilon_\infty = 2.411; \varepsilon_s = 3.186$ $\omega_t = 5.855; \Gamma_0 = 0.131$
GaAs (0.6 - 3 eV)	Modèle de Forouhi (4 pics) $$n(E) = \sqrt{\varepsilon_\infty} + \sum_{n=1}^{4} \frac{B0_n \cdot E + C0_n}{E^2 - B_n \cdot E + C_n},$$ $$k(E) = \begin{cases} \sum_{n=1}^{4} \frac{A_n \cdot (E - E_g)^2}{E^2 - B_n \cdot E + C_n} & E > E_g \\ 0 & E \le E_g \end{cases}$$ $$B0_n = \frac{A_n}{Q_n}\left(-\frac{B_n^2}{2} + E_g \cdot B_n - E_g^2 + C_n\right),$$ $$C0_n = \frac{A_n}{Q_n}\left((E_g^2 + C_n)\cdot\frac{B_n}{2} - 2\cdot E_g\cdot C_n\right),$$ $$Q_n = \frac{1}{2}\cdot\sqrt{4\cdot C_n - B_n^2}$$	$\varepsilon_\infty = 4.324; E_g = 1.253$ $A_1 = 0.000; B_1 = 5.870$ $C_1 = 8.618; A_2 = 0.148$ $B_2 = 6.248; C_2 = 10.037$ $A_3 = 0.116; B_3 = 9.790$ $C_3 = 24.412; A_4 = 0.018$ $B_4 = 12.450; C_4 = 40.696$
GaN (0.65 - 3 eV)	Modèle de Forouhi (un pic) $$n(\omega) = n_\infty + \frac{B\cdot(\omega - \omega_j) + C}{(\omega - \omega_j)^2 + \Gamma_j^2},$$ $$k(\omega) = \begin{cases} \frac{f_j\cdot(\omega - \omega_g)^2}{(\omega - \omega_j)^2 + \Gamma_j^2}, & \omega > \omega_g \\ 0, & \omega \le \omega_g \end{cases}$$ $$B = \frac{f_j}{\Gamma_j}\cdot(\Gamma_j^2 - (\omega_j - \omega_g)^2),$$ $$C = 2\cdot f_j\cdot\Gamma_j\cdot(\omega_j - \omega_g)$$	$n_\infty = 2.145; \omega_g = 2.620$ $f_j = 0.048; \omega_j = 4.298$ $\Gamma_j = 0.290$
SiO$_2$ (0.7 - 5 eV)	* Modèle de la fonction diélectrique $$\varepsilon = \varepsilon_\infty + \frac{(\varepsilon_s - \varepsilon_\infty)\,\omega_t^2}{\omega_t^2 - \omega^2 + i\,\Gamma_0\,\omega}$$ * Modèle de Cauchy $$n(\lambda) = A + \frac{B\cdot 10^4}{\lambda^2} + \frac{C\cdot 10^9}{\lambda^4}$$ $$k(\lambda) = D\cdot 10^{-5} + \frac{E\cdot 10^4}{\lambda^2} + \frac{F\cdot 10^9}{\lambda^4}$$	$\varepsilon_\infty = 1.0; \varepsilon_s = 2.12$ $\omega_t = 12.0; \Gamma_0 = 0.1$ $A = 1.447; B = 3660$

Tableau III-2 : *Exemples de modèles de dispersion et des paramètres d'ajustement relatifs à l'oxyde de GaAs, GaAs, GaN et à l'oxyde de Silicium [18].*

Il a été introduit par Jellison [19] et Zollner [19bis] que la modélisation ellipsométrique de matériaux d'indice inconnu en utilisant les modèles de fonction diélectrique, cités dans le paragraphe précédent, ne donne de bons résultats que pour les échantillons massifs, et pourrait aussi induire une distorsion des spectres au voisinage des points critiques. Etant donné que nos échantillons représentent des couches minces (de quelques centaines de nanomètres d'épaisseur pour les couches actives) de matériaux inconnus (alliages GaAsN, GaAsSb et GaAsSbN) ne figurant pas dans la base de donnée des indices, le calcul des fonctions optiques correspondantes peut être obtenu de manière précise en utilisant la méthode de Newton-Raphson. Cette méthode ne peut être utilisée que dans le cas où la structure de l'échantillon est connue avec une grande précision (constitution et épaisseur nominale), ce qui est le cas de nos échantillons élaborés par MBE (chapitre I). La méthode de Newton-Raphson permet alors l'extraction des indices optiques à partir des paramètres ellipsométriques en passant par la structure des couches dont l'une d'entre elle est qualifiée d'inconnue (alliages GaAsN, GaAsSb et GaAsSbN dans notre cas, mais dont l'indice est proche de celui de GaAs). Le problème est résolu de manière numérique pour chaque longueur d'onde en utilisant l'algorithme de Newton-Raphson [20] incrémenté par le logiciel WinElli. Nous procédons comme suit : un modèle ellipsométrique de multicouches représentant l'échantillon (chapitre I) à quatre phases est élaboré. Il est composé d'un substrat de GaAs, d'une couche active (alliages GaAsN, GaAsSb et GaAsSbN), d'une couche en surface d'oxyde natif de GaAs et d'un milieu ambiant. Les épaisseurs nominales des couches actives sont introduites dans le programme comme valeurs initiales, leur indice inconnu est estimé être celui de GaAs. L'épaisseur de la couche d'oxyde utilisée est celle retrouvée pour l'échantillon de référence GaAs wafer dont nous disposons.(chapitre II). Le système est ensuite modélisé en utilisant ces paramètres et l'algorithme de Newton-Raphson pour trouver les composantes réelle et imaginaire de l'indice complexe de la couche inconnue représentant le mieux les valeurs expérimentales. Cette procédure est répétée manuellement autant de fois que nécessaire en supposant des épaisseurs différentes d'oxyde et de couche active au voisinage des valeurs initiales. Finalement les paramètres qui vérifient les « règles d'or » citées plus haut représentent les bonnes valeurs, ainsi, nous pouvons dire que l'extraction des indices optiques a été effectuée avec succès.

III. Théorie de la fonction diélectrique :

Comme nous avons indiqué précédemment, une des propriétés à extraire des mesures ellipsométriques est la réponse diélectrique du matériau. Nous proposons alors de discuter les bases des modèles théoriques de la fonction diélectrique. Nous allons revoir dans la première partie les relations entre les différentes fonctions optiques et dans la seconde partie les relations entre structure de bandes et la fonction diélectrique.

III. 1. Propriétés optiques :

Les propriétés optiques les plus étudiées sont l'indice complexe N, la fonction diélectrique complexe ε, le coefficient d'absorption α et le vecteur d'onde complexe $\vec{\kappa}$. Nous considérons un cristal éclairé par une onde électromagnétique de fréquence ω, de vecteur d'onde $\vec{\kappa}$, de polarisation $\vec{P}$. En considérant les équations de Maxwell macroscopiques et leurs solutions sous le forme d'ondes planes se propageant à travers un milieu non magnétique homogène et isotrope, ne possédant ni charges libres ni courant, le vecteur induction électrique $\vec{D}$ est donné par :

$$\vec{D}(\omega) = \varepsilon(\omega).\vec{E}(\omega) = \varepsilon_0 \vec{E}(\omega) + \vec{P}(\omega) = \varepsilon_0(1 + \chi(\omega))\vec{E}(\omega) \qquad \text{eqIII-11}$$

$\vec{P}$ étant le vecteur polarisation, χ la susceptibilité du milieu, ε_0 la permittivité du vide.

$\varepsilon(\omega)$ la fonction diélectrique complexe : $\quad \varepsilon(\omega) = \varepsilon_r(\omega) + i\varepsilon_i(\omega) \qquad \text{eqIII-12}$

avec ε_r et ε_i représentent respectivement les parties réelle et imaginaire de la fonction diélectrique complexe ε.

$\vec{E}$ représente le champ électrique, $\vec{E}(\vec{r},t) = \vec{E}_0 e^{i(\vec{\kappa}.\vec{r}-\omega t)}$

avec $\vec{r}$ le vecteur position, $\vec{E}_0$ l'intensité du champ électrique pour $\vec{r} = \vec{0}$ et $t = 0$, et $\vec{\kappa}$ le vecteur d'onde et c est la vitesse de la lumière dans le vide.

N est l'indice complexe, défini par $N(\omega) = \dfrac{c}{v(\omega)} = \sqrt{\varepsilon(\omega)} = n(\omega) + ik(\omega) \qquad \text{eqIII-13}$

$v(\omega)$ est la vitesse de propagation de l'onde dans le milieu d'indice N,

n est l'indice de réfraction et k le coefficient d'extinction.

Par suite: $\varepsilon_r = n^2 - k^2$ et $\varepsilon_i = 2nk$

avec $\qquad n = \sqrt{\dfrac{\sqrt{\varepsilon_r^2 + \varepsilon_i^2} + \varepsilon_r}{2}}$ et $k = \sqrt{\dfrac{\sqrt{\varepsilon_r^2 + \varepsilon_i^2} - \varepsilon_r}{2}} \qquad \text{eqIII-14}$

Le coefficient d'absorption α est défini par : $\alpha = \dfrac{2\omega k}{c} = \dfrac{4\pi k}{\lambda} \qquad \text{eqIII-15}$

Les parties réelle ε_r et imaginaire ε_i de la fonction diélectrique complexe ε sont reliées par la relation de Kramers-Kronig.

Les relations de Kramers-Kronig permettent de calculer la partie réelle ε_r de la fonction diélectrique quand sa partie imaginaire ε_i est connue dans tout le domaine de définition, et vice versa. En général, les mesures expérimentales (transmission, réflectivité) permettent d'avoir ε_i, ε_r est déduite par la relation de Kramers-Kronig :

$$\varepsilon_r(\omega) - 1 = \frac{2}{\pi} P \int_0^\infty \frac{\omega' \varepsilon_i(\omega')}{\omega'^2 - \omega^2} d\omega' \qquad \text{eqIII-16}$$

$$\varepsilon_i(\omega) = -\frac{2}{\pi} P \int_0^\infty \frac{\varepsilon_r(\omega')}{\omega'^2 - \omega^2} d\omega' \qquad \text{eqIII-17}$$

III. 2. Description analytique de la fonction diélectrique et sa relation avec la structure de bandes des semiconducteurs :

III. 2. 1. Transitions optiques :

Le progrès dans la modélisation des points critiques a été développée par Cardona [21], Aspnes [22], Lynch [23]. Cette méthode est basée sur le fait que les structures observées dans la réponse optique (fonction diélectrique) soient dues aux transitions interbandes au voisinage de points critiques de la densité d'état.

L'étude de l'interaction entre les couches minces semiconductrices et la lumière, est effectuée par des processus d'absorption ou d'émission. Au cours de ce développement, nous nous placerons dans l'approximation semi-classique, dans laquelle le cristal est traité quantiquement, tandis que le rayonnement est traité classiquement. Le potentiel vecteur $\vec{A}(\vec{r}, t)$ est donné par:

$$\vec{A}(\vec{r}, t) = A_0 . \vec{\varepsilon} . \left\{ \exp i(\vec{\kappa}.\vec{r} - \omega t) + \exp -i(\vec{\kappa}.\vec{r} - \omega t) \right\} \qquad \text{eqIII-18}$$

Le Hamiltonien d'un électron (-e) ('e' la charge élémentaire) soumis à un potentiel cristallin $V(\vec{r})$ et à une onde électromagnétique $\vec{A}(\vec{r}, t)$, avec $\vec{p} = -i\hbar \vec{\nabla}$ l'opérateur moment s'écrit sous la forme :

$$H = \frac{1}{2m_0}(\vec{p} + e\vec{A})^2 + V(\vec{r}) \qquad \text{eqIII-19}$$

soit
$$H = H_0 + H_{\text{int}} \qquad \text{eqIII-20}$$

où $\qquad H_0 = \dfrac{p^2}{2m_0} + V(\vec{r})$ $\qquad\qquad$ eqIII-21

H_0 : Hamiltonien d'un électron non perturbé, c'est à dire n'étant soumis qu'au potentiel cristallin (en absence de l'onde électromagnétique).

et $\qquad H_{\text{int}} = \dfrac{e}{2cm_0}(\vec{p}.\vec{A} + \vec{A}.\vec{p}) + \dfrac{e^2}{2c^2 m_0} A^2$ $\qquad\qquad$ eqIII-22

H_{int} : Hamiltonien décrivant l'interaction du semiconducteur avec l'onde électromagnétique.

Le terme en A^2 est négligé puisqu'il donne lieu à des effets non linéaires, et en utilisant la jauge de Coulomb : $div\vec{A} = 0$, le Hamiltonien d'interaction rayonnement-matière sous la

forme : $\qquad\qquad\qquad H_{\text{int}} = \dfrac{e}{cm_0} \vec{A}.\vec{p}$ $\qquad\qquad$ eqIII-23

La théorie des perturbations dépendantes du temps constitue une méthode adéquate pour étudier l'effet d'un champ de radiation sur les états électroniques du cristal.

La règle d'or de Fermi donne la probabilité de transition par unité de temps d'un état initial $\left|\psi_i\right\rangle$, d'énergie E_i, vers un état final $\left|\psi_f\right\rangle$, d'énergie E_f :

$$\overline{P}_{if} = \frac{2\pi}{\hbar}(\frac{eA_0}{cm_0})^2 \left|\left\langle \psi_f \left| \exp(i\vec{\kappa}.\vec{r})\vec{P}.\vec{p} \right| \psi_i \right\rangle\right|^2 . \delta(E_f - E_i - \hbar\omega) \qquad\qquad \text{eqIII-24}$$

Pour qu'il y ait effectivement transition entre les états $\left|\psi_i\right\rangle$ et $\left|\psi_f\right\rangle$, il faut que l'état initial soit occupé, et que l'état final soit vide. Donc la probabilité à considérer est :

$$P_{if} = \overline{P}_{if}.f(E_i).\left\{1 - f(E_f)\right\} \qquad\qquad \text{eqIII-25}$$

où $f(E_i) = \dfrac{1}{1 + \exp\{\beta(\varepsilon_i - \mu)\}}$: taux d'occupation du niveau $\left|\psi_i\right\rangle$, d'énergie E_i.

$f(E_f) = \dfrac{1}{1 + \exp\{\beta(\varepsilon_f - \mu)\}}$: taux d'occupation du niveau $\left|\psi_f\right\rangle$, d'énergie E_f.

Le terme $\left\{ 1 - f(E_f) \right\}$ représente donc le taux correspondant à ce que le niveau $\left|\psi_f\right\rangle$,

d'énergie E_f soit vide, et $\beta = \dfrac{1}{k_B T}$, où T est la température, k_B est la constante de Boltzmann.

et μ est le potentiel chimique de l'électron.

L'intégration de P_{if} sur la zone de Brillouin donne la probabilité pour que l'onde incidente perde l'énergie $h\nu$ après l'excitation d'une transition interbandes dans l'unité de volume pendant une unité de temps :

$$P(h\nu) = \frac{e^2 A_0^2}{8\pi^2 .c^2 m_0^2} . \iiint \left|\left\langle \psi_f \left| \exp(i\vec{\kappa}.\vec{r})\vec{P}.\vec{p} \right| \psi_i \right\rangle\right|^2 . f(E_i).\left\{1 - f(E_f)\right\}\delta(E_f - E_i - \hbar\omega).d^3r$$

eqIII-26

La puissance absorbée est le produit de l'énergie absorbée par la probabilité de transition : $h\nu \times P(h\nu)$, d'où le coefficient d'absorption est obtenu comme étant le rapport de cette puissance absorbée sur la puissance incidente. Puisque le coefficient d'absorption est donné par [24] :

$$\alpha = \frac{(J_{cv})_r}{nc\omega}$$

eqIII-27

où n est l'indice de réfraction, alors $(J_{cv})_r$ représente la force d'oscillateur de la transition interbandes :

$$(J_{cv})_r = \frac{h^2 e^2 A_0^2}{4\pi^3 m_0^2} . \iiint \left|\left\langle \psi_f \left| \exp(i\vec{\kappa}.\vec{r})\vec{P}.\vec{p} \right| \psi_i \right\rangle\right|^2 . f(E_i).\left\{1 - f(E_f)\right\}\delta(E_f - E_i - \hbar\omega).d^3r$$

eqIII-28

Les relations de Kramers-Kronig peuvent être utilisées pour calculer la partie imaginaire de cette fonction $(J_{cv})_i$. La fonction optique $(J_{cv})_r$ complexe est reliée à la fonction diélectrique complexe $\varepsilon = \varepsilon_r + i\varepsilon_i$ par :

$$\varepsilon_r = \frac{a.(J_{cv})_i}{h^2\nu^2} \text{ et } \varepsilon_i = \frac{a.(J_{cv})_r}{h^2\nu^2}, \text{ où } a = \frac{e^2 h^2}{2m_0^2}.$$

eqIII-29

Nous posons $\vec{M}_{if}$ qui est un terme proportionnel à l'élément de matrice dipolaire :

$$\vec{M}_{if}(\vec{k}) = \left\langle \psi_f \left| \exp(i\vec{\kappa}.\vec{r}).\vec{p} \right| \psi_i \right\rangle$$

eqIII-30

Si ce terme est constant, c'est à dire dans le cadre de l'approximation dipolaire, valable pour des longueurs d'onde très grandes devant les distances inter-atomiques, alors :

$$(J_{cv})_r = \frac{h^2 e^2 A_0^2}{4\pi^3 m_0^2} . \left|\left\langle \psi_f \left| \exp(i\vec{\kappa}.\vec{r})\vec{P}.\vec{p} \right| \psi_i \right\rangle\right|^2 \iiint . f(E_i).\left\{1 - f(E_f)\right\}\delta(E_f - E_i - \hbar\omega).d^3r$$

eqIII-31

$$(J_{cv})_r = \frac{h^2 e^2 A_0^{\;2}}{4\pi^3 m_0^{\;2}} \cdot \left| \left\langle \psi_f \left| \exp(i\vec{\kappa}.\vec{r})\vec{P}.\vec{p} \right| \psi_i \right\rangle \right|^2 \oint \frac{dS}{\nabla_p \left| E_{if}(\vec{p}) \right|}$$

eqIII-32

Par conséquent, les contributions significatives à la force d'oscillateur de la transition interbandes ont lieu quand le gradient $\nabla_p \left| E_{if}(\vec{p}) \right|$, dans l'espace des moments $\vec{p}$, de l'énergie interbandes, tend vers zéro.

III. 2. 2. Structure de bandes des semiconducteurs :

Au voisinage des points critiques, la surface d'énergie interbandes peut être développée en série de puissances. Le fait de ne garder que les termes d'ordre 2 en $\vec{p}$, revient à adopter l'approximation parabolique :

$$\Delta E_{cv} \approx E_g + \beta_1 p_1^2 + \beta_2 p_2^2 + \beta_3 p_3^2 \qquad \text{eqIII-33}$$

Les coefficients $\beta_i = \dfrac{\hbar^2}{2\mu_i}$ représentent les composantes de la masse effective réduite (μ_i) réciproque suivant chacun des axes principaux associé au point critique (CP).

La figure III-2 suivante représente la fonction diélectrique et la structure de bandes du matériau correspondant, avec respectivement GaAs, GaSb et GaN. Les structures observées dans la fonction diélectrique représentent les transitions interbandes ou points critiques.

Pour commencer, considérons les transitions interbandes pour un modèle simple à deux bandes (de valence v et de conduction c) et à trois dimensions. Pour un système donné, nous choisissons de décrire les bandes par des fonctions cosinus dans l'espace des $\vec{p}$ [24] qui dépend de la dimension n.

Pour $n \leq 3$, nous prenons :

$$E_{vb} \approx \frac{W_{vb}}{2}\left(-1 + \frac{1}{n}\sum_{j=1}^{n} \cos(a_j p_j)\right) \qquad \text{eqIII-34}$$

$$E_{cb} \approx E_{gap} + \frac{W_{cb}}{2}\left(1 - \frac{1}{n}\sum_{j=1}^{n} \cos(a_j p_j)\right) \qquad \text{eqIII-35}$$

où E_{vb} et E_{cv} sont les énergies des bandes de valence et de conduction respectivement. W_{vb} et W_{cv} sont les élargissements des bandes de valence et de conduction. E_{gap} représente l'énergie de gap, a_j représente la dimension de la maille élémentaire dans la $j^{\text{ème}}$ direction.

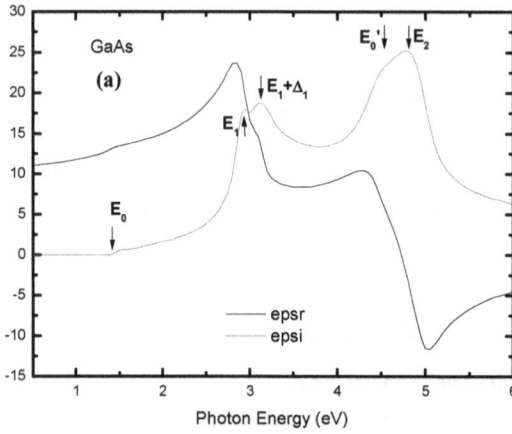

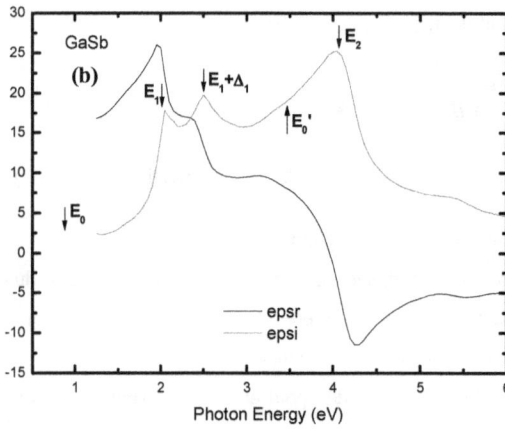

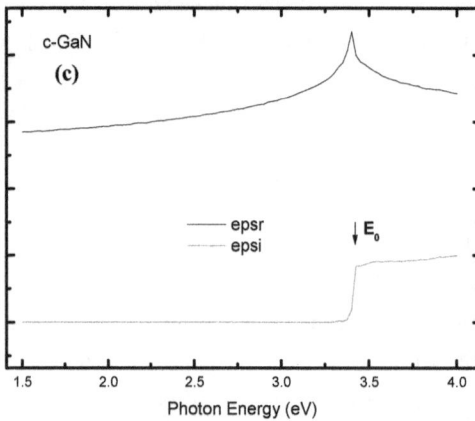

Figure III-2 : *Fonction diélectrique (réelle et imaginaire) et structure de bandes du matériau GaAs (a) [2 ?] GaSb (b) [26] et GaN cubique (c) [27] correspondantes. Les points critiques sont indiqués par des flèches.*

La réduction de la dimension dans les matériaux réels se produit quand les états sont localisés selon une ou plusieurs directions, donnant lieu à des bandes relativement plates selon ces directions. Avec des états qui sont fortement localisés dans toutes les directions, l'exciton est un exemple d'un système à zéro dimension. Les relations précédentes donnent les diagrammes de bandes avec la zone de Brillouin correspondante (figure III-3).

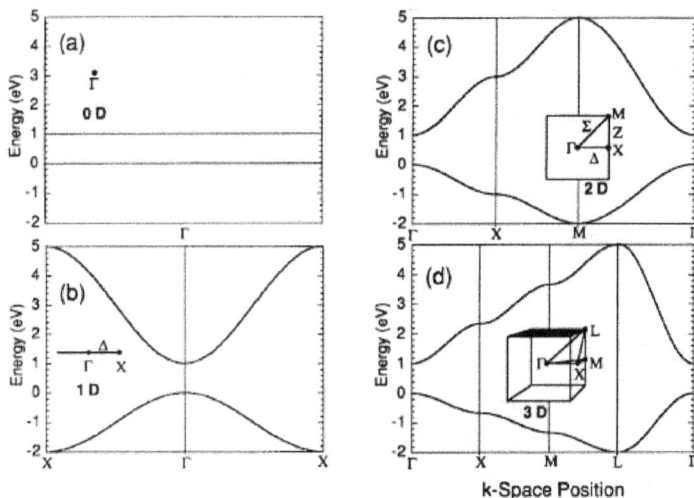

Figure III-3 : *Digramme de bandes et zones de Brillouin d'un système à zéro (a), une (b), deux (c) et trois (d) dimensions [24].*

III. 2. 3. Le modèle standard des points critiques:

La substitution de $\Delta E_{cv} \approx E_g + \beta_1 p_1^2 + \beta_2 p_2^2 + \beta_3 p_3^2$ dans le terme $(J_{cv})_r$ permet d'évaluer les points critiques. D'où l'expression de la contribution du $j^{ème}$ point critique à la force d'oscillateur de la transition, qui peut être utilisée comme base de modélisation de structures électroniques.

$$J_{cv}^{\ j}(E) = C_j.e^{i\phi_j} \int_0^{E-E_j-i\Gamma_j} t^{(n_j-4)/2} dt \qquad \text{eqIII-36}$$

n_j donne la dimension du point critique, C_j donne l'amplitude, ϕ_j est un angle de phase, E_j correspond au gap interbandes à la position du point critique j dans l'espace des $\vec{p}$, et Γ_j est un paramètre d'élargissement. Le type de point critique est donné par le signe des masses effectives réduites (β_i) ; pour un minimum, tous les paramètres β_i sont positifs.

Un modèle représentatif du système réel peut être construit par la somme des contributions de chaque point critique. Nous prenons par convention la partie absorption de la force d'oscillateur de la transition interbandes « réelle » et la partie dispersion est « imaginaire ».

L'équation précédente devient :

$$J_{cv}(E) = i\left(C + E^2 - \sum_j A_j . e^{i\phi_j} (E - E_j + i\Gamma_j)^{(n_j/2)-1} \right)^*$$ eqIII-37

où A_j est l'amplitude, n_j la dimension, E_j l'énergie interbandes, et Γ_j a été introduit comme un paramètre d'élargissement pour le $j^{ème}$ point critique.

Le modèle standard des points critiques appliqué à la fonction diélectrique est plus connu sous la forme simplifiée suivante [21, 22, 25]:

$$\varepsilon(E) = \sum_{j=1}^{N} [C_j - A_j e^{i\phi_j} (E - E_{cj} + i\Gamma_j)^n]$$ eqIII-38

où le point critique « j » est décrit par l'amplitude A_j, l'énergie E_{cj}, la largeur Γ_j et la phase ϕ_j.

L'exposant n représente la dimension du point critique « j » ;

$n = -1$, pour des excitons discrets.

$n = -1/2$, pour des points critiques à une dimension (1D).

$n = 0$ (ou logarithmique), pour des points critiques à deux dimensions (2D) ; c'est à dire

$$\varepsilon(E) = \sum_{j=1}^{N} [C_j - A_j e^{i\phi_j} Ln(E - E_{cj} + i\Gamma_j)]$$ eqIII-39

$n = 1/2$, pour des points critiques à trois dimensions (3D).

III. 3. Etude de GaAs:

Plusieurs applications de GaAs dépendent de la fonction diélectrique ε (E). Puisque cette fonction est reliée à la structure de bandes électronique, elle peut être considérée comme source d'informations expérimentales puissante. Du fait que les points critiques (CPs) sont directement reliés aux régions correspondantes à des densités d'état importantes ou ayant une singularité, une information directe sur l'énergie séparant les bandes de valence et de conduction (énergie de bande interdite ou gap) est obtenue, pouvant être comparée à celles obtenues à partir de calculs de structures de bandes. La structure de bandes de GaAs calculée par Chelikowsky et Cohen [28] est portée sur la figure III-4.

Plusieurs transitions interbandes sont indiquées : le niveau d'absorption fondamental E_0 de GaAs est dominé par l'exciton libre, ce qui est surtout observé à basses températures [29]. Son énergie est inférieure à E_0 de 4.2 meV [30], et situé au point Γ, centre de zone de la zone de Brillouin (ZB). Le second point critique $E_0+\Delta_0$ correspond à la transition de la composante de la bande de valence la plus grande dupliquée par l'interaction de spin orbite au minimum de la bande de conduction situé en Γ. Les points critiques E_1 et $E_1+\Delta_1$ ont lieu suivant la direction Λ <111> de la ZB, ou au point L. Dans la gamme d'énergie de 4 à 5.5 eV, plusieurs points critiques ont été résolus [31]. Les plus importants d'entre eux (E_0' et E_2) ont été attribués aux transitions autour du centre de zone Γ et autour du point X suivant la direction <100> respectivement.

Les transitions E_0 et $E_0+\Delta_0$ sont généralement représentées par des structures excitoniques (n = -1). Cependant, pour les transitions E_1 et $E_1+\Delta_1$, dont les bandes de valence et de conduction sont presque parallèles, des études [25, 31, 32] portées sur la forme de ces points critiques ont montré que pour GaAs, le modèle de la densité d'états à 2D reflète la meilleure représentation. Dans la région UV, les transitions E_0' et E_2 ont aussi été représentées préférentiellement par des points critiques à 2D.

Lors de notre étude correspondante à la gamme d'énergie située au-dessus de E_0, les transitions seront représentées par des points critiques à 2D dans le cadre du modèle Standard des Points Critiques. En effet, la réduction de la dimensionnalité dans les matériaux réels se produit quand les états sont localisés selon une ou plusieurs directions, donnant lieu à des bandes relativement plates selon ces directions, ce qui se traduit pour un CP à 2D une masse effective longitudinale beaucoup plus importante que sa masse effective transversale.

L'expression de la fonction diélectrique correspondante donnée par eqIII-39:

$$\varepsilon(E) = \sum_{j=1}^{N} [C_j - A_j e^{i\phi_j} Ln(E - E_{cj} + i\Gamma_j)]$$

Dans le but de mettre en évidence les structures présentes dans les spectres et afin d'obtenir les paramètres des points critiques de manière précise [25], nous ajustons la dérivée seconde des spectres expérimentaux de $\varepsilon(E)$ à l'expression théorique de $d^2\varepsilon(E)/dE^2$, qui est dans notre cas donnée par:

$$\frac{d^2\varepsilon}{dE^2} = \sum_{j=1}^{N}[A_j e^{i\phi_j}(E - E_{cj} + i\Gamma_j)^{-2}]$$ eqIII-40

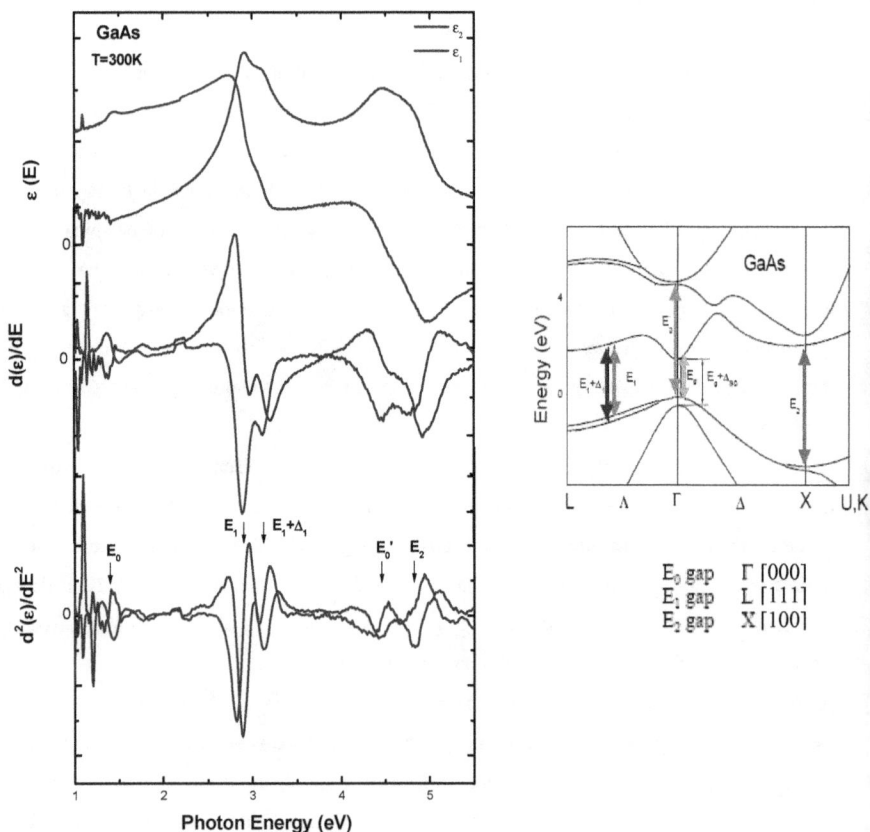

Figure III-4 : *Fonction diélectrique mesurée de GaAs (à gauche), ses dérivées première et seconde par rapport à l'énergie, et structure de bandes de GaAs (à droite)[28].*

Cette procédure nous permet aussi de distinguer entre les structures dans les spectres mesurés, qui sont dus aux transitions optiques et qui doivent aussi vérifier la relation de Kramers Kronig, et entre les structures reliées au bruit et aux artéfacts de mesure. La figure III-4 montre la fonction diélectrique mesurée de GaAs dans la gamme 1 à 5.5 eV, ses dérivées première et seconde par rapport à l'énergie sont aussi tracées, les énergies de transitions sont relatives à la structure de bandes de GaAs. Dans la figure III-5, nous montrons un ajustement, à l'aide de l'algorithme de Levenberg-Marquardt, de la partie imaginaire de la fonction diélectrique par le modèle standard des points critiques pour GaAs mesuré (**) au laboratoire et pour GaAs tabulé (***). Les courbes de modélisation montrent un bon accord avec les valeurs de GaAs.

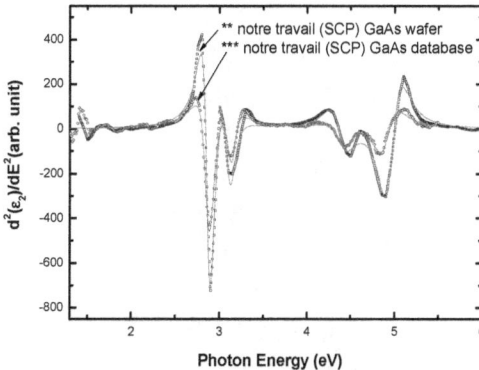

Figure III-5 : *Ajustement de la dérivée seconde de la partie imaginaire de la fonction diélectrique mesurée (**), et celle tabulée (***) de GaAs avec le modèle standard des points critiques (SCP).*

Les mesures des transitions interbandes dans l'arséniure de gallium ont été élaborées en utilisant des techniques optiques autres que l'ellipsométrie, telles que la photoluminescence (pour la transition E_0) [33], l'absorption [29], la diffusion Raman résonante [34], la réflectivité [35], ainsi que différentes techniques à modulation de réflectance telles que la piezoreflectance [36], la magnétoreflectance [37], la thermoreflectance [38] et l'électroreflectance [31]. Différents calculs de structures de bandes ont été élaborés en utilisant des méthodes semi-empiriques [28] ainsi que des calculs *ab initio* [39].

Dans le tableau III-3, nous proposons de comparer nos résultats obtenus par ellipsométrie pour GaAs avec les travaux précédents. Il est intéressant de conclure que nos résultats sont conformes aux valeurs bibliographiques, indiquant la précision et de la mesure et de la modélisation.

E_0 (eV)	$E_{0+\Delta_0}$ (eV)	E_1 (eV)	$E_{1+\Delta_1}$ (eV)	E_0' (eV)	E_2 (eV)
1.426 [25]	1.784 [47]	2.97 [51]	3.17 [51]	4.44 [40]	5.03 [56]
1.43 [40]	1.77 [40]	2.89 [40]	3.12 [40]	4.46 [42]	4.99 [40]
1.4257 [41]	1.761 [42]	2.96 [40]	3.19 [40]	4.45 [53]	4.99 [42]
1.427 [42]	1.760 [43]	2.91 [52]	3.12 [52]	4.63 [40]	5.04 [53]
1.420 [43]	1.745 [48]	2.898 [42]	3.125 [42]	4.64 [42]	5.0 [55]
1.435 [44]		2.963 [42]	3.212 [42]	4.422**	5.16 [56]
1.424 [45]		2.90 [53]	3.13 [53]	4.366***	5.33 [40]
1.428 [46]		2.97 [54]	3.2 [54]		5.35 [42]
		2.94 [54]	3.13 [54]		5.45 [56]
		2.9 [49]	3.1 [55]		4.911**
		2.904 [49]	3.132 [49]		4.962***
		2.877**	3.139**		
		2.874***	3.101***		
		$\Delta_1 = 0.24$ [50]			
	$\Delta_0 = 0.340$ [49]	$\Delta_1 = 0.224$ [25]			
	$\Delta_0 = 0.35$ [50]	$\Delta_1 = 0.262$**			
		$\Delta_1 = 0.227$***			

Tableau III-3 : *Energies de transition de GaAs E_0, $E_{0+\Delta_0}$, E_1, $E_{1+\Delta_1}$, E_0' et E_2 obtenues par différentes techniques. ** notre travail (SCP) GaAs wafer et *** notre travail (SCP) GaAs tabulée.*

Le tableau III-4 résume les paramètres d'ajustement avec le modèle standard des points critiques (SCP) des fonctions diélectriques de GaAs mesuré (**) au laboratoire et pour GaAs tabulé (***). Les incertitudes dues à la méthode d'ajustement sont indiquées entre parenthèses, celles-ci sont minimisées en utilisant une procédure d'ajustement simultanée des quatre points critiques dont chacun contient les quatre paramètres (A_j, E_{cj}, Γ_j and ϕ_j). Nous avons aussi rajouté les paramètres (*) d'ajustement obtenus par Terry [57] en utilisant le modèle classique des oscillateurs harmoniques (9 oscillateurs) pour $Al_xGa_{1-x}As$ (ici x = 0), en utilisant une phase dans l'amplitude A.

$$\varepsilon(E) = \sum_{j=1}^{9} A_j \left(\frac{1}{E + E_j + i\Gamma_j} - \frac{1}{E - E_j + i\Gamma_j} \right), \text{ où } A_j = \left| A_j \right|.e^{i\phi}_j \qquad \text{eqIII-41}$$

	E_j (eV)	Γ_j (eV)	A_j	ϕ_j (rad)
E_0	1.5559*	0.1355*	0.2281*	0.3080*
E_1	2.9226*	0.0822*	0.6886*	0.0736*
	2.877 (0.005)**	0.107 (0.005)**	5.525 (0.471)**	7.562 (0.092)**
	2.874 (0.001)***	0.090 (0.001)***	6.867 (0.129)***	7.033 (0.021)***
$E_1 + \Delta_1$	3.1351*	0.1692*	1.5795*	0.2607*
	3.139 (0.013)**	0.094 (0.013)**	1.631 (0.417)**	1.727 (0.244)**
	3.101 (0.003)***	0.097 (0.003)***	2.726 (0.157)***	0.756 (0.053)***
$E_0{}'$	4.5221*	0.3860*	6.2889*	-0.0984*
	4.422 (0.037)**	0.162 (0.035)**	2.223 (0.850)**	1.752 (0.408)**
	4.366 (0.007)***	0.165 (0.007)***	3.760 (0.274)***	3.006 (0.074)***
E_2	4.8570*	0.2521*	3.3976*	-0.1190*
	4.911 (0.023)**	0.179 (0.023)**	4.597 (1.043)**	3.552 (0.223)**
	4.962 (0.003)***	0.163 (0.003)***	10.066 (0.267)***	3.549 (0.027)***

Tableau III-4 : *Paramètres d'ajustement avec ** (SCP) GaAs wafer mesuré, *** (SCP) GaAs tabulée, et (*) le modèle des oscillateurs [57].*

IV. Conclusion

Dans ce chapitre nous avons présenté en première partie une idée sur le choix du modèle adéquat lors de l'analyse des mesures ellipsométriques à savoir les mélanges d'indices et les différentes lois de dispersion (reliées à l'indice ou à la fonction diélectrique). Ensuite, la méthode utilisée pour obtenir la meilleure qualité du modèle afin de remonter aux propriétés intrinsèques de l'échantillon. La troisième partie a été dédiée à la fonction diélectrique complexe et à sa relation avec la structure de bandes du matériau. Nous avons montré que les structures observées dans les spectres de la fonction diélectrique représentent les énergies de transition qui peuvent avoir lieu dans le matériau semiconducteur. Nous avons étudié en particulier le cas de l'Arséniure de Gallium mesuré sous un angle d'incidence de 75°. Nous avons montré que parmi tous les modèles évoqués en première partie, le choix du modèle standard des points critiques (SCP) nous a permis d'avoir des résultats comparables à la bibliographie. Nous avons conclu que les conditions de mesure, la méthode d'analyse ellipsométrique ainsi que la procédure de modélisation que nous avons adoptées sont adéquates et peuvent être utilisées par la suite pour l'étude des échantillons d'alliage à base de GaAs.

Références

[1] A. G. Bruggeman, Ann. Phys. (Liepzig) 24, 636 (1935).

[2] J. C. Maxwell Garnett, Philos. Trans. R. Soc., London, 205, 237 (1906).

[3] Ping Sheng, Phys. Rev. Lett., 45, 60 (1980).

[4] C. G. Grandqvist, O. Hunderi, Phys. Rev. B, 16, 3513 (1977).

[5] T. E. Jenkins, J. Phys. D: Appl. Phys. 32, R45, (1999).

[6] J. M. Cazaux, "Introduction à la Physique du Solide, Masson (1996).

[7] E. Toussaere, Thèse de Dotorat, Université Paris XI (1993).

[8] D.E. Aspnes, in "Handbook on Semiconductors", edited by M. Balkanski (North Holland, Amsterdam, 1980), vol.2, 109.

[9] M. Cardona, Modulation Spectroscopy (Academic, New York, 1969).

[10] A. R. Forouhi, I. Bloomer, Phys. Rev. B, 34, 7018 (1986).

[11] A. R. Forouhi, I. Bloomer, Phys. Rev. B, 38, 1865 (1988).

[12] G. E. Jellison, F.A.Modine, Phys. Rev. B, 27, 7466 (1983).

[13] S. Adachi, Phys. Rev. B, 35, 7554 (1987).

[14] S. Adachi, Phys. Rev. B, 38, 12345 (1988).

[15] S. Adachi, Phys. Rev. B, 41, 3504 (1990).

[16] G. E. Jellison, Jr. and F.A. Modine, "Parameterization of the optical functions of amorphous materials in the interband region", Solid State Division, Oak Ridge National Laboratory, Oak Ridge, Tennessee 37831-6030).

[17] Numerical Recipes, Cambridge University Press, 523 (1996).

[18] D. E. Palik, "Handbook of optical constants of solids", (Academic Press, 1985).

[19] G. E. Jellison, Jr., "Ellipsometry Data Analysis", Solid State Division, Oak Ridge National Laboratory, Oak Ridge, 2000).

[19bis] S. Zollner, J. P. Liu, P. Zamseil, H. J. Osten, and A. A. Demkov, Semicond. Sci. Technol. 22, S13, (2007).

[20] Numerical Recipes, Cambridge University Press, 254 (1986).

[21] M. Cardona, "Modulation Spectroscopy", supplement 11 to Solid State Physics, Advances in Research and Applications, Edition F Seitz et al. (New York : Academic (1969)).

[22] D. E. Aspnes, "Handbook on Semiconductors", Volume2, Optical Properties of Solids, Edition T. S. Moss and M. Balkanski, p123 (Amsterdam North Holland (1980)).

[23] D. W. Lynch, Handbook of Optical Constants of Solids Edition Palik (Orlando, FL : Academic (1985)).

[24] S. Loughn, R. H. French, L. K. De Noyer, W-Y Ching, and Y-N Xu, J. Phys. D: Appl. Phys. 29, 1740 (1996).

[25] P. Lautenschlager, M. Garriga, S. Logothetidis, and M. Cardona, Phys. Rev. B 35, 9174 (1987).

[26] M. Muñoz, K. Wie, F. H. Pollak, J. L. Freeouf, G.W. Charache, Phys. Rev. B 60, 11, 8105 (1999).

[27] M. Muñoz, Y. S. Huang, F. H. Pollak, H. Yang, J. Appl. Phys. 93, 5, 2549 (2003).

[28] J. R. Chelikowsky and M. L. Cohen, Phys. Rev. B 14, 556 (1976).

[29] M. D. Sturge, Phys. Rev. 127, 768 (1962).

[30] D. D. Sell, Phys. Rev. B 6, 3750 (1972).

[31] D. E. Aspnes, an A. A. Studna, Phys. Rev. B 7, 4605 (1973).

[32] S. F. Pond and P. Handler, Phys. Rev. B 8, 2869 (1973).

[33] D. Bimberg and W. Schairer, Phys. Rev. Lett. 28, 442 (1972).

[34] W. Kauschke, M. Cardona, and E. Bauger, Phys. Rev. B 35, 8030 (1987).

[35] K. L. Shaklee, F. H. Pollak, and M. Cardona, Phys. Rev. Lett. 15, 883 (1965).

[36] J. Camassel, D. Auvergne, and H. Mathieu, J. Appl. Phys. 46, 2683 (1975).

[37] S. O. Sari and S. E. Schanatterly, Surf. Sci. 37, 328 (1973).

[38] E. Matatagui, A. G. Thompson, and M. Cardona, Phys. Rev. 176, 950 (1968).

[39] G. B. Bachelet and N. E. Christensen, Phys. Rev. B 31, 879 (1985).

[40] M. Cardona, K. L. Shaklee, and F. H. Pollak, Phys. Rev. 154, 696 (1967).

[41] M. Zvara, Phys. Stat. Solidi 36, 785 (1969).

[42] A. G. Thompson, M. Cardona, K. L. Shaklee, and J. C. Wooley, Phys. Rev. 146, 601 (1966).

[43] C. Alibert, S. Gaillard, M. Erman, and P. M. Frijlink, J. Phys. (Paris) Colloq. 44, C10-229 (1983).

[44] M. D. Sturge, Phys. Rev. 127, 768 (1962).

[45] D. D. Shell, H. C. Casey Jr., and K. W. Wecht, J. Appl. Phys. 45, 2650 (1974).

[46] J. Camassel, D. Auvergne, and H. Mathieu, J. Appl. Phys. 46, 2683 (1975).

[47] V. V. Sobolev, V. I. Donetskikh, and E. F. Zagainov, Sov. Phys. Semicond. 12, 646 (1978).

[48] W. Kauschke, M. Cardona, and E. Bauger, Phys. Rev. B 35, 8030 (1987).

[49] E. W. Williams and V. Rehn, Phys. Rev. 172, 798 (1968).

[50] K. L. Shaklee, M. Cardona, F. H. Pollak, Phys. Rev. Lett. 16, 48 (1966).

[51] M. Cardona, and G. Harbeke, J. Appl. Phys. 34, 813 (1963).

[52] J. M. Wrobel, J. L. Aubel, U. K. Reddy, S. Sudaram, J. P. Salerno, and J. V. Gormley, J. Appl. Phys. 59, 226 (1986).

[53] A. G. Thompson, J. C. Wooley, and M. Rubenstein, Can. J. Phys. 44, 2927 (1966).

[54] K. L. Shaklee, F. H. Pollak, and M. Cardona, Phys. Rev. Lett. 15, 883 (1965).

[55] H. Ehrenreich, H.R. Philipp, and J. C. Phillips, Phys. Rev. Lett. 8, 59 (1962).

[56] S. S. Vishnubhatla, and J. C. Wooley, Can. J. Phys. 46, 1769 (1968).

[57] F. L. Terry Jr. J. Appl. Phys. 70, 1, 409 (1991).

Chapitre IV :

Effets de l'incorporation d'azote et du recuit après croissance dans GaAsN

Dans ce chapitre, nous présentons les résultats d'analyse ellipsométrique sur les couches minces de $GaAs_{1-x}N_x$ de composition d'azote variable. Cette étude consiste en première partie à étudier l'effet de l'incorporation d'azote dans $GaAs_{1-x}N_x$ (x = 0.0%, 0.1%, 0.5% et 1.5 %) par ellipsométrie dans la gamme d'énergie autour des points critiques E_1 et $E_1+\Delta_1$ (autour de 3eV). En deuxième partie, nous allons étudier l'effet de traitement thermique (recuit à une température de 680°C pour 90 secondes) sur une série d'échantillons $GaAs_{1-x}N_x$ (x = 0.0%, 0.1%, 0.5% et 1.5 %) non recuits et une deuxième série de $GaAs_{1-x}N_x$ recuits ayant les mêmes concentrations, sur une plus large gamme spectrale.

I. Effet de l'introduction d'azote dans $GaAs_{1-x}N_x$:

Plusieurs études, tant expérimentales que théoriques, sur les alliages III-V-N, comme GaAsN, sont devenus récemment d'un grand intérêt grâce à leurs applications dans le domaine des composants optoélectroniques [1-3].

En principe, les alliages ternaires $GaAs_{1-x}N_x$ devaient offrir la possibilité de couvrir toute la gamme spectrale allant de l'infra-rouge (GaAs : 1.42 eV) au bleu (GaN : 3.2 eV). Cependant, il a été trouvé qu'une introduction de seulement 1% d'azote diminue l'énergie du gap E_0 de 180 meV [4, 5].

La nature exacte de la perturbation induite par l'azote à la structure de bandes reste encore controversée. Shan *et al.* l'ont interprétée comme étant la répulsion (Band Anticrossing Model « BAC ») entre l'état localisé reliée à l'azote située au-dessus du niveau de la bande de conduction (à 1.67 eV) et la bande de conduction de GaAs, tandis que les autres niveaux restent non perturbés [6-8]. Zhang *et al.* ont proposé la formation des bandes d'impureté azote dans la bande interdite [9 , 10]. Kent et Zunger ont proposé un mélange intrabandes des états de bandes de conduction Γ, L et X dans GaAsN induisant un dédoublement (splitting) des minimums de la bande de conduction L et X [11, 12].

La plupart des études expérimentales précédentes ont été principalement dédiées à la croissance des matériaux et à la détermination des paramètres de « bowing » soit pour de faibles concentrations (x<1%) ou pour de plus grandes concentrations (1<x<15%) [13-17]. A l'opposé des alliages semiconducteurs III-V, un paramètre de bowing dépendant de la composition de 10 à 20 eV doit être introduit pour décrire la réduction du gap [17-19]. Plusieurs études théoriques ont été publiées sur la dépendance du gap E_0 en fonction de la composition d'azote [19-23]. Il a été trouvé que le comportement du gap de $GaAs_{1-x}N_x$ est dû aux grandes différences entre la taille et l'électronégativité des atomes isovalents d'As et de N. Il est donc important d'étudier l'effet d'incorporation d'azote sur les transitions optiques au dessus du gap fondamental.

Malgré les nombreux travaux dédiés à ce type de matériaux, de récentes publications sur le système d'alliage $GaAs_{1-x}N_x$ telles que l'étude de l'effet de contrainte [24, 25], la réduction du gap [26], ainsi que la dépendance en température des énergies de transition [27, 28], montrent que ce matériau nécessite encore une compréhension plus approfondie.

Vers la fin des années 90, Grüning *et al.* [29] ont étudié par la technique de photoreflectance (PR) des couches épitaxiales de $GaAs_{1-x}N_x$ avec x variant de 0.05 à 2.8% élaborés sur substrat de GaAs (001) par MOVPE. Après laquelle, plusieurs études ellipsométriques ont été réalisées sur des couches de $GaAs_{1-x}N_x$ élaborées par la technique de MOVPE [30-35], mais très peu sur des alliages élaborés par MBE [36]. Un travail réalisé en 2007 [37] par la technique de photoreflectance sur des couches de GaAsN élaborées par MBE a repris la même développement que par G. Leibiger *et al.* [33] réalisé pour des couches de GaAsN élaborées par MOVPE.

Wagner *et al.* [36] ont étudié des couches de $GaAs_{1-x}N_x$ (avec x = 0, 1.4 et 3.3 %), sans modéliser la fonction pseudo-diélectrique, et en supposant la couche de $GaAs_{1-x}N_x$ (de quelques centaines de nm d'épaisseur) comme étant un matériau massif.

Notre contribution à cette étude consiste en première partie à étudier l'effet de l'incorporation d'azote dans $GaAs_{1-x}N_x$ (x = 0.0%, 0.1%, 0.5% et 1.5 %) par ellipsométrie dans la gamme d'énergie autour des points critiques E_1 et $E_1+\Delta_1$ (autour de 3eV) [38].

I. 1. Mesures Ellipsométriques:

La figure IV-1 montre les paramètres ellipsométriques *tanψ* (a) et *cosΔ* (b) mesurés à température ambiante, pour la série d'échantillons recuits de $GaAs_{1-x}N_x$ (x = 0.1%, 0.5% et 1.5 %), en prenant comme référence GaAs wafer (x= 0.0%), sous un angle d'incidence de 75° et dans la gamme spectrale 1 à 5.5 eV, avec un pas de 5 meV. Un traitement chimique préalable à la mesure a été réalisé (chapitre I) pour tous les échantillons, pendant une minute dans une solution de NH_4OH.

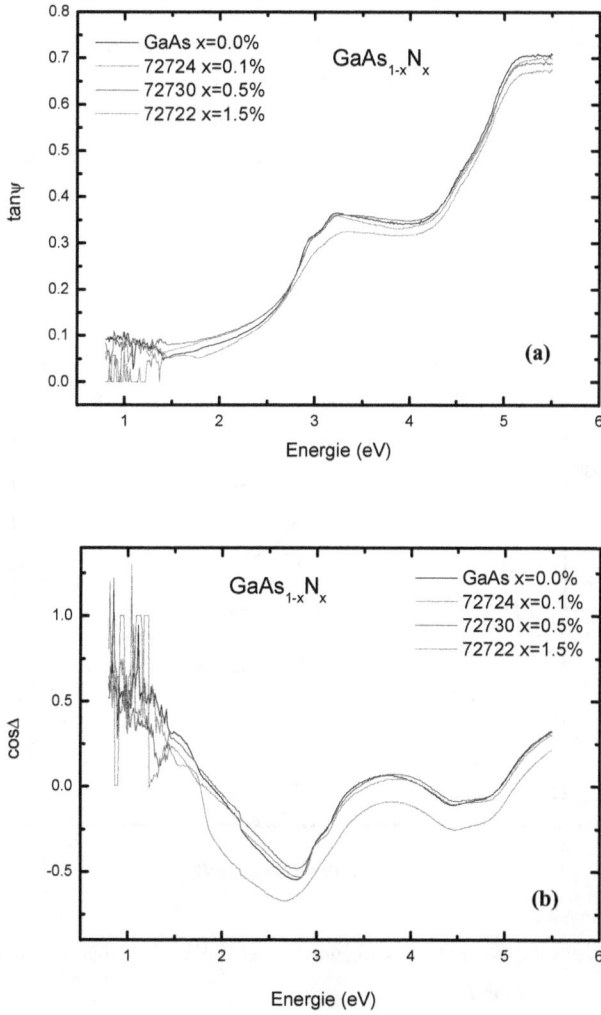

Figure IV-1: *tanψ (a) et cosΔ (b) pour GaAs$_{1-x}$N$_x$ (x =0.0%, 0.1%, 0.5% et 1.5 %).*

I. 2. Résultats :

La figure IV-2 montre les spectres de la partie imaginaire des fonctions pseudodiélectriques $\varepsilon(E) = \varepsilon_r(E) + i\varepsilon_i(E)$ dans la gamme d'énergie de 1 à 5.5 eV, obtenues pour (x = 0.0%, 0.1%, 0.5% et 1.5 %) en assimilant les couches de $GaAs_{1-x}N_x$ comme des échantillons massifs. Les courbes sont décalées verticalement pour des raisons de clarté. La fonction pseudodiélectrique complexe est une représentation courante des paramètres ellipsométriques *tan\psi* et *cos\Delta* en supposant un modèle à 2 phases, c'est à dire un substrat et un milieu ambiant.

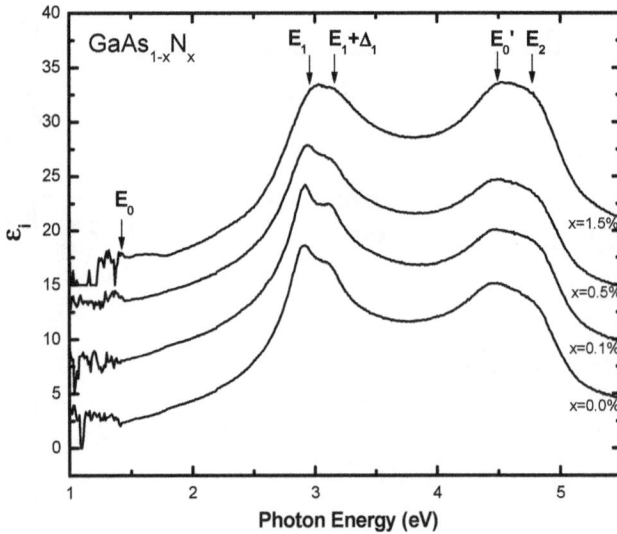

Figure IV-2: *Partie imaginaire des fonctions pseudodiélectriques obtenues pour $GaAs_{1-x}N_x$ (x =0.0%, 0.1%, 0.5% et 1.5 %).*

L'approximation de l'échantillon massif est valable dans la gamme spectrale autour de 3 eV, puisque la profondeur de pénétration de la lumière est de l'ordre de quelques dizaines de nanomètres ($\frac{\lambda}{4\pi k}$), c'est à dire que la lumière ne voit que les couches supérieures de l'échantillon et que dans ce domaine d'énergie, la réponse optique de l'échantillon est surtout due à GaAsN et à son oxyde natif. En plus, d'après [38bis], les transitions E_1 et $E_1+\Delta_1$ sont relativement non affectés par la couche d'oxyde. Nous allons voir dans la partie II de ce chapitre que cette approximation est vérifiée.

Pour les énergies inférieures à 1.42 eV correspondant au gap E_0 de GaAs, les courbes de $\varepsilon_i(E)$ montrent des distorsions dues à la faible absorption. Il est intéressant de remarquer la grande similitude des courbes de $\varepsilon_i(E)$ de GaAs$_{1-x}$N$_x$ et de GaAs, les énergies de transition dans les différentes directions cristallographiques E_0, E_1, $E_1+\Delta_1$, E_0' et E_2 (chapitre III) sont indiquées par des flèches. Cependant, un léger décalage vers les hautes énergies est visible pour les énergies de transitions E_1 et $E_1+\Delta_1$, les spectres montrent aussi une augmentation de l'élargissement des deux structures avec l'augmentation de la composition x d'azote. Ce résultat nous amène à dire que pour les compositions d'azote étudiées (x = 0.1%, 0.5% et 1.5 %), la fonction diélectrique de GaAs$_{1-x}$N$_x$ peut être représentée par le même modèle que celui utilisé pour GaAs à la température ambiante. C'est à dire que dans le cadre du modèle standard des points critiques (SCP), l'expression de la fonction diélectrique de GaAs$_{1-x}$N$_x$ peut être donnée au voisinage des points critiques de dimension 2 par :

$$\varepsilon(E) = \sum_{j=1}^{N} [C_j - A_j e^{i\phi_j} Ln(E - E_{cj} + i\Gamma_j)] \qquad \text{eqIV-1}$$

Dans le but de mettre en évidence les structures présentes dans les spectres et afin d'obtenir les paramètres des points critiques de manière précise, nous ajustons à l'aide de l'algorithme de Levenberg-Marquardt la dérivée seconde des spectres expérimentaux de $\varepsilon(E)$ à l'expression théorique de $d^2\varepsilon(E)/dE^2$, qui est dans notre cas donnée par:

$$\frac{d^2\varepsilon}{dE^2} = \sum_{j=1}^{N} [A_j e^{i\phi_j} (E - E_{cj} + i\Gamma_j)^{-2}] \qquad \text{eqIV-2}$$

La figure IV-3 représente les dérivées secondes $d^2\varepsilon_i(E)/dE^2$ de la partie imaginaire de $\varepsilon(E)$ dans la région 2.6 à 3.4 eV, qui montrent un bon accord entre les valeurs expérimentales (symboles) et   calculées (traits continus). Dans cette région, le spectre de $\varepsilon_i(E)$ de GaAs présente clairement 2 structures dominantes (chapitre III) qui sont représentées par E_1 et $E_1+\Delta_1$. Dans $GaAs_{1-x}N_x$, ces structures sont élargies et atténuées en augmentant la composition d'azote, mais restent encore nettement visibles.

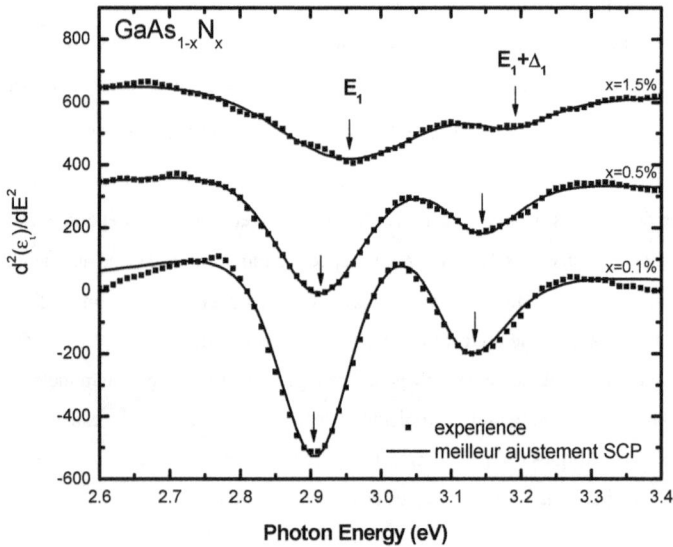

Figure IV-3: *Dérivées secondes de la partie imaginaire des fonctions pseudodiélectriques (symboles) et le résultat de l'ajustement au SCP (traits continus) pour $GaAs_{1-x}N_x$ (x =0.0%, 0.1%, 0.5% et 1.5 %).*

I. 2. 1. Effet sur les énergies E_1 et $E_1+\Delta_1$:

Le décalage vers les hautes énergies (blue-shift) avec l'augmentation de la composition d'azote des points critiques E_1 et $E_1+\Delta_1$ est mieux observé dans la figure IV-3. L'augmentation de la composition d'azote induit aussi l'augmentation de l'élargissement et la diminution des amplitudes de ces points critiques.

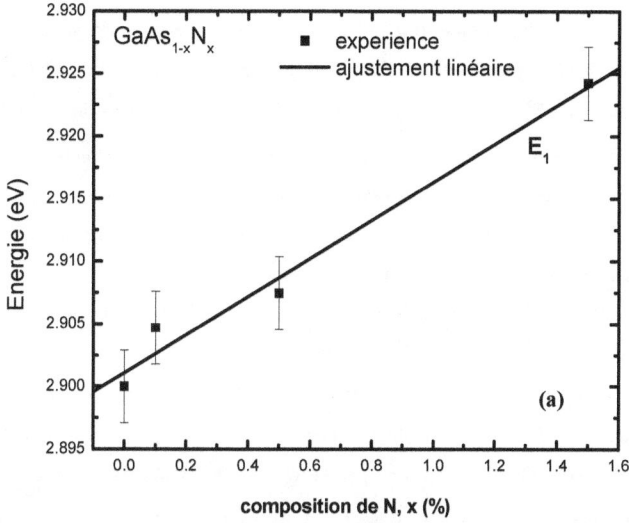

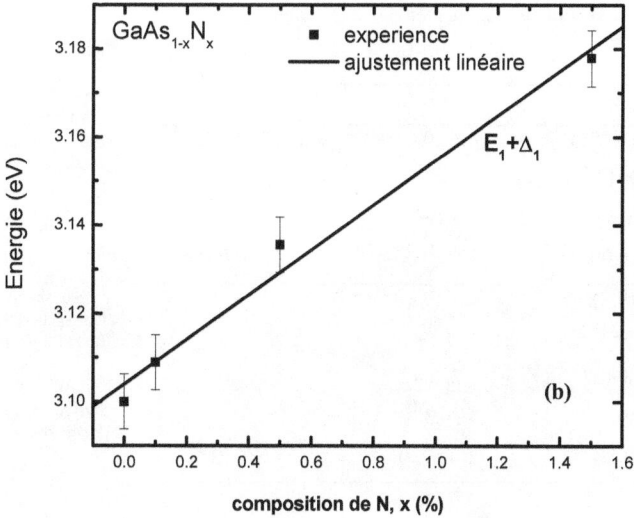

Figure IV-4: *Energies des points critiques E_1 (a) et $E_1+\Delta_1$ (b) en fonction de la composition d'azote. Les symboles représentent le résultat de l'ajustement au SCP, les traits continus représentent l'ajustement linéaire $y = a + b\,x$.*

La figure IV-4 montre les énergies de E_1 (a) et $E_1+\Delta_1$ (b) correspondantes à un meilleur accord entre l'expérience et le modèle SCP représenté dans la figure IV-3. Les barres d'erreur représentent l'incertitude due à la procédure de modélisation, celles-ci sont minimisées en utilisant l'ajustement simultané des deux points critiques dont chacun contient quatre paramètres $(A_j, E_{cj}, \Gamma_j$ et $\phi_j)$. Le décalage observé vers le bleu de E_1 et $E_1+\Delta_1$, se représente bien par une approximation linéaire en fonction de la composition d'azote x, c'est à dire y(x) = $a + b$x. Les valeurs correspondantes aux facteurs a et b sont données dans le tableau IV-1. Nous avons aussi représenté, pour comparaison, les résultats de Leibiger *et al.* [31], Hung *et al.* [32], Tish *et al.* [34], ainsi que Wagner *et al.* [36]. L'effet observé dans nos échantillons élaborés par MBE est en bon accord avec les résultats ellipsométriques publiés pour des couches de GaAs$_{1-x}$N$_x$ [30-32, 34, 36]. Par contre, ce résultat est différent des mesures de photoreflectance effectués par Grüning *et al.* [29], puisque ces auteurs ont trouvé que les deux bandes E_1 (a) et $E_1+\Delta_1$ changent à peine de position avec l'introduction d'azote, mais s'élargissent considérablement. Les pentes des droites relatives à notre travail sont respectivement $dE_1/dx = 1.5\,\text{eV}$ et $d(E_1+\Delta_1)/dx = 5.1\,\text{eV}$. Il est à noter que, par comparaison avec les alliages semiconducteurs conventionnels, une si faible composition d'azote puisse introduire des changements si importants.

	E_1	$E_1+\Delta_1$	Δ_1	
	2.920 (0.001) [34]	3.13 (0.01) [34]	0.210 (0.003) [34]	[31] Leibiger *et al.* pour GaAs$_{1-x}$N$_x$ 0.1 $\leq$ x $\leq$ 3.7% MOVPE – modèle MDF.
a	2.901 [36]	-	-	
(eV)	2.926 [32]	3.139 [32]	-	[32] Hung *et al.* pour GaAs$_{1-x}$N$_x$ 0.2 $\leq$ x $\leq$ 2.5% MOVPE – modèle MDF.
	2.901 (0.002) [38]	3.104 (0.004) [38]	0.202 (0.001) [38]	
	2.9 (0.2) [34]	2.8 (0.2) [34]	-	[34] Tish *et al.* pour GaAs$_{1-x}$N$_x$ 0.1 $\leq$ x $\leq$ 2%, MOVPE – modèle SCP.
b	2.36 [36]	-	-	
(eV)	2.008 [32]	2.904 [32]	-	[36] Wagner *et al.* pour GaAs$_{1-x}$N$_x$ 1.4 $\leq$ x $\leq$ 3.3% MBE – pas de modèle.
	1.9 [31]	4.3 [31]	-	
	1.5 (0.2) [38]	5.1 (0.5) [38]	3.6 (0.2) [38]	

Tableau IV-1: *Constantes (a et b) relatives à la dépendance linéaire (y = a + b x) en N des énergies E_1 et $E_1+\Delta_1$, les incertitudes sont données entre parenthèses.*

Dans le cas de $GaAs_{1-x}N_x$, il est connu que l'azote induit dans GaAs un état résonant noté E_L situé 0.2 eV au dessus du minimum de la bande de conduction. La répulsion entre cet état résonant et l'état de bande de GaAs (modèle à 2 états) a été proposé pour expliquer la réduction du gap (figure IV-5). Puisque les écarts d'énergie entre E_L et les états de la bande de conduction selon la direction <111> qui participent aux transitions E_1 et $E_1+\Delta_1$ ne sont pas élevés (~ 0.5-0.6 eV), nous pouvons nous attendre à ce que les états de la bande de conduction soient rappelées vers les hautes énergies. Par conséquent les énergies de E_1 et $E_1+\Delta_1$ augmentent en introduisant les atomes d'azote dans GaAs. Donc nos résultats impliquent l'existence de la répulsion entre les états reliés à l'azote et la bande de conduction dans $GaAs_{1-x}N_x$. Cependant, des travaux théoriques détaillés et expérimentaux ont montré que le simple modèle de répulsion à 2 états peut ne pas être adéquat [39-41]. A la place, le mélange des états de la bande de conduction en Γ et L, qui résulte d'une brisure de symétrie induite par l'azote, a été proposé récemment comme étant l'origine du niveau E+. De tels effets induits par l'azote peuvent aussi modifier la structure de bandes suivant les directions <111> et donc affecte les structures observées dans les spectres de fonction diélectrique autour des points critiques E_1 et $E_1+\Delta_1$.

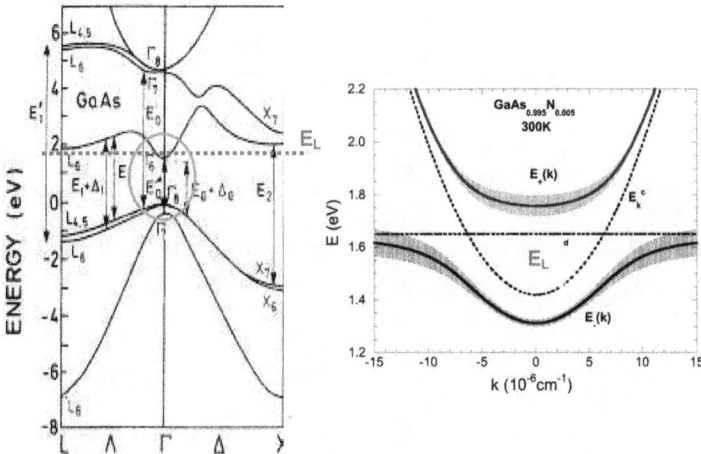

Figure IV-5 : *Schéma de la structure des bandes d'énergie affectée par l'interaction d'anticroisement pour une température de 300 K et une composition d'azote x=0.005, par J. Wu et al. [42].*

D'autre part, il a été proposé par Leibiger *et al.* [31] que l'interaction entre la bande de conduction et les états localisés azote, responsable du décalage vers le rouge (red-shift) de l'énergie de gap E_0, n'affecte pas les transitions au point L puisque nous observons un décalage vers le bleu (blue-shift) des transitions de E_1 et $E_1+\Delta_1$. Ils ont alors expliqué l'augmentation des énergies de E_1 et $E_1+\Delta_1$ avec l'incorporation d'azote en mettant en jeu des effets d'alliage et des effets de contrainte. Dans ce qui suit, nous avons adopté cette explication.

En effet, l'application de la loi de Vegard aux matériaux parents GaAs et GaN permet de déterminer différentes propriétés, notée X (énergie de transition, paramètre de maille, constantes d'élasticité, ...), de l'alliage GaAs$_{1-x}$N$_x$.

$$X_{GaAsN} = (1-x)X_{GaAs} + xX_{GaN} \qquad \text{eqIV-3}$$

En utilisant les valeurs tabulées (tableau IV-2), nous avons calculé les énergies de transition E_1 et $E_1+\Delta_1$, paramètre de maille, constantes d'élasticité C_{11} et C_{12} en fonction de la composition d'azote (x=0.1, 0.5 et 1.5%) (tableau IV-3). Puisque nous n'avons pas de valeur de Δ_1 pour GaN cubique, nous avons pris pour le calcul la valeur d'énergie spin orbite de GaAs, Δ_1=0.225 eV [43] supposée constante, indépendante de la composition d'azote.

	GaAs	GaN
E_1 (eV)	2.91 [44]	7.0[45]
$E_1+\Delta_1$ (eV)	3.12 [44]	-
a (A°)	5.653	4.511
C_{11} (10^{10}Pa) [46]	11.88	37.7
C_{12} (10^{10}Pa) [46]	5.38	16.0

Tableau IV-2 : *Energies de transition E_1 et $E_1+\Delta_1$, paramètres de maille, constantes d'élasticité C_{11} et C_{12} de GaAs et GaN.*

		x=0.1%	x=0.5%	x=1.5%
Effet d'alliage	E_1 (eV)	2.914	2.930	2.971
	$E_1+\Delta_1$ (eV)	3.124	3.140	3.181
	a_x (GaAs$_{1-x}$N$_x$) (A°)	5.651	5.647	5.635
	$\varepsilon_\perp = \Delta a / a$ (%)	-0.02	-0.1	-0.3
	c_{11} (GaAs$_{1-x}$N$_x$) (10^{10}Pa)	11.905	12.009	12.267
	c_{12} (GaAs$_{1-x}$N$_x$) (10^{10}Pa)	15.989	15.946	15.840
	$\varepsilon_{//}$ (%)	0.054	0.265	0.774
Effet de contrainte	ε_H (%)	0.088	0.043	1.249
	ε_S (%)	-0.074	-0.365	-1.074
	$\delta\varepsilon_H$ (eV)	-0.0102	-0.0500	-0.1449
	$\delta\varepsilon_S$ (eV)	-0.0063	-0.0313	-0.0921
	δE_1 (eV)	-0.0011	-0.0052	-0.0125
	$\delta(E_1 + \Delta_1)$ (eV)	-0.0004	-0.0019	-0.0045

Tableau IV-3 : *Energies de transition E_1 et $E_1+\Delta_1$, paramètres de maille, constantes d'élasticité C_{11} et C_{12}, contraintes hydrostatique ε_H et uniaxiale ε_S, et leurs effets sur E_1 et $E_1+\Delta_1$, de l'alliage GaAs$_{1-x}$N$_x$ (x=0.1, 0.5 et 1.5%).*

Les couches de GaAs$_{1-x}$N$_x$ élaborées sur GaAs selon le plan (001), possèdent un désaccord de maille négatif entraînant une contrainte perpendiculaire :

$$\varepsilon_\perp = \frac{\Delta a}{a} = \frac{a_x - a_{GaAs}}{a_{GaAs}} < 0 \qquad \text{eqIV-4}$$

où a_x représente le paramètre de maille de GaAs$_{1-x}$N$_x$ non contraint.

La contrainte parallèle au plan de croissance est obtenue d'après:

$$\varepsilon_{//} = -2(\frac{c_{12}}{c_{11}})\varepsilon_\perp \qquad \text{eqIV-5}$$

où c_{12} et c_{11} représentent les constantes élastiques.

Il a été démontré par Lange *et al.* [47] que pour des couches contraintes de manière biaxiale, le tenseur de contrainte peut être décomposé en une composante hydrostatique ε_H et une composante uniaxiale ou tétragonale ε_S.

ε_H a pour effet de réduire les énergies de transition E_1 et $E_1+\Delta_1$ par la quantité :

$$\delta E_H = \sqrt{3}D_1^1 \varepsilon_H \ \text{(si } \varepsilon_H > 0) \qquad\qquad \text{eqIV-6}$$

tandis que ε_S cause une levée de dégénérescence intra-vallée (uniaxiale) des deux transitions E_1 et $E_1+\Delta_1$ par la quantité :

$$\delta E_S = \sqrt{6}D_3^3 \varepsilon_S \qquad\qquad \text{eqIV-7}$$

où D_1^1 et D_3^3 constituent respectivement les potentiels de déformation hydrostatique et uniaxiale, valable pour E_1 et $E_1+\Delta_1$. Pour GaAs, $D_1^1 = -6.7$ eV et $D_3^3 = 3.5$ eV [48].

Le décalage des transitions E_1 et $E_1+\Delta_1$ est donné par :

$$\delta E_1 = \frac{\Delta_1}{2} + \delta E_H - \sqrt{(\frac{\Delta_1}{2})^2 + (\delta E_S \pm \delta E_{ex})^2} \qquad\qquad \text{eqIV-8}$$

$$\delta(E_1 + \Delta_1) = -\frac{\Delta_1}{2} + \delta E_H + \sqrt{(\frac{\Delta_1}{2})^2 + (\delta E_S \pm \delta E_{ex})^2} \qquad\qquad \text{eqIV-9}$$

Le terme δE_{ex} représente le terme d'échange de spins électron-trou [48], avec

$\delta E_{ex}(E_1) = 9.910^{-3}$ eV, $\delta E_{ex}(E_1 + \Delta_1) = 3.510^{-3}$ eV.

Les droites représentées dans la figure IV-6 indiquent respectivement l'effet d'alliage, l'effet de la contrainte biaxiale, ainsi que la somme de ces deux effets sur les énergies de E_1 et $E_1+\Delta_1$, les symboles représentent les points expérimentaux. La contrainte biaxiale $\varepsilon_{//}$ dans le plan de croissance (001) a pour effet de dilater les couches épitaxiées de GaAs$_{1-x}$N$_x$, tandis que la contrainte hydrostatique ε_H diminue les énergies de E_1 et $E_1+\Delta_1$ et la contrainte uniaxiale ε_S réduit l'énergie de transition E_1, et ralentie la réduction de l'énergie de transition $E_1+\Delta_1$. Il est important à noter que pour les compositions d'azote étudiées allant de $0<x<1.5\%$, le blue-shift observé de l'énergie de E_1 et $E_1+\Delta_1$ peut être interprétée par la somme de deux effets : alliage et contrainte biaxiale (001).

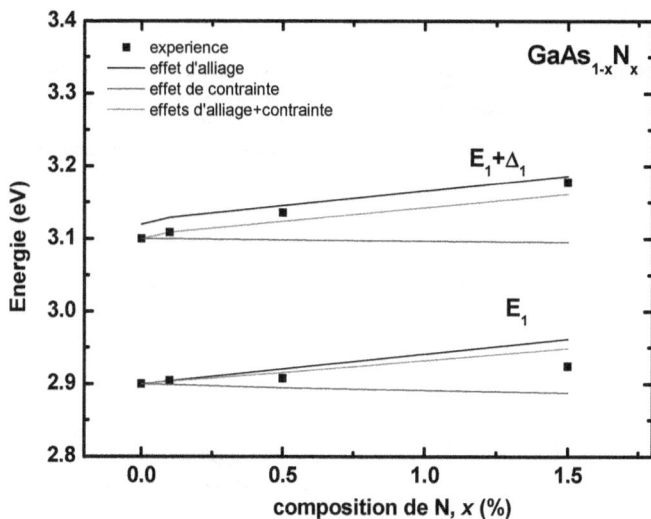

Figure IV-6 : *Représentation des différents effets (traits continus) dus à l'incorporation d'azote sur les énergies E_1 et $E_1+\Delta_1$: effet d'alliage, effet de contrainte, somme des effets d'alliage et de contrainte, comparée aux points expérimentaux (symboles).*

I. 2. 2. Effet sur l'énergie de spin orbite Δ_1 :

La valeur de l'énergie de spin orbite Δ_1 a aussi montré une dépendance linéaire avec la composition d'azote (tableau IV-1), ce qui est en bon accord avec [31, 32], mais contradictoire à [34]. L'utilisation de notre procédure de modélisation, sans aucune hypothèse sur les paramètres d'ajustement des points critiques E_1, $E_1+\Delta_1$ confirme des calculs basés sur l'approximation du cristal virtuel (VCA) [49], dans lequel, l'alliage supposé ordonné, montre généralement une dépendance quasi-linéaire de l'énergie de spin orbite en fonction de la composition.

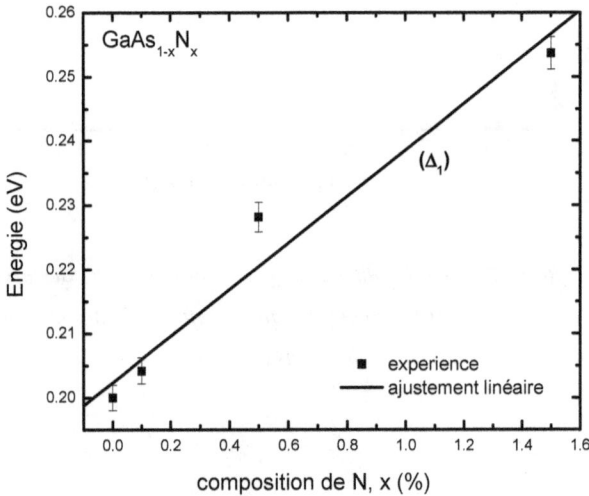

Figure IV-7: *Energie de spin orbite Δ_1 en fonction de la composition d'azote (x = 0.1, 0.5, et 1.5%). Les symboles représentent le résultat de l'ajustement au SCP, les traits continus représentent l'ajustement linéaire y = a + b x.*

I. 2. 3. Effet sur l'élargissement des transitions E_1 et $E_1+\Delta_1$:

L'élargissement des transitions E_1 et $E_1+\Delta_1$ dans GaAsN en augmentant N se reflète dans l'augmentation des paramètres d'élargissement Γ_1 et $\Gamma_{\Delta 1}$, respectivement. La figure IV-8 représente l'augmentation du paramètre d'élargissement avec la composition d'azote. Γ_1 et $\Gamma_{\Delta 1}$ montrent un comportement pouvant être modélisé par une racine carrée en fonction de x, c'est à dire $y = c + d\sqrt{x}$. Les valeurs obtenues pour les facteurs c et d sont données dans le tableau IV-4. Pour les faibles compositions de GaAsN, Γ_1 et $\Gamma_{\Delta 1}$ augmentent fortement et au dessus de 0.4% d'azote, l'élargissement augmente approximativement linéairement $(y = a + b x)$ avec N, $d\Gamma_1/dx = 1.9$ eV et $d\Gamma_{\Delta 1}/dx = 3.5$ eV.

	a (eV)	b (eV)	c (eV)	d (eV)
	-	2.5 (0.2) [34]	0.091 (0.002) [34]	0.509 (0.022) [34]
Γ_1	0.103 (0.002) [50]	1.9 (0.2) [50]	0.085 (0.004) [50]	0.373 (0.046) [50]
	-	3.5 (0.2) [34]	0.135 (0.003) [34]	0.613 (0.035) [34]
$\Gamma_{\Delta 1}$	0.095 (0.002) [50]	3.5 (0.2) [49]	0.064 (0.008) [50]	0.672 (0.076) [50]

Tableau IV-4: *Constantes (a, b) et (c, d) relatives respectivement à la dépendance linéaire (y = a + b x) et hyperbolique ($y = c + d\sqrt{x}$) en N des élargissements Γ_1 et $\Gamma_{\Delta 1}$ des points critiques E_1 et $E_1+\Delta_1$, les incertitudes sont données entre parenthèses.*

Dans les alliages connus III-V, tels que $Al_xGa_{1-x}As$ [51], $Ga_xIn_{1-x}As_yP_{1-y}$ [52] et $Ga_xIn_{1-x}P$ [53], un élargissement est à peine enregistré pour x ou y, jusqu'à plusieurs pourcentages atomiques. On pourrait penser qu'un grand nombre de défauts ou des désordres de composition peut exister dans les alliages $GaAs_{1-x}N_x$ du aux différences importantes de la taille atomique et de l'électronégativité entre les atomes de N et As. De tels désordres peuvent causer une durée de vie finie des états de bande. Ceci pourrait expliquer en partie l'élargissement des structures E_1 et $E_1+\Delta_1$. Cependant, une autre possibilité se présente : l'élargissement peut être du à une perturbation de la structure de bandes qui résulte du dopage d'azote. En effet, l'élargissement important enregistré pour les transitions E_1 et $E_1+\Delta_1$ dans

GaAs$_{1-x}$N$_x$ pour des faibles x est similaire à ce qui est connu pour les semiconducteurs fortement dopés, tels que GaAs [54] et Si [55]. Ce phénomène est expliqué par la perturbation du cristal hôte due au potentiel Coulombien des atomes dopants. En supposant que le pseudopotentiel de l'atome d'azote isovalent dans GaAs (qui est très différent de celui de As) donne lieu à une perturbation comparable au potentiel Coulombien des atomes dopants, les effets d'élargissement dans GaAs:N peuvent être expliqués selon la procédure de Vina et Cardona [55] par des calculs de théorie de perturbation à l'ordre 1 et à l'ordre 2.

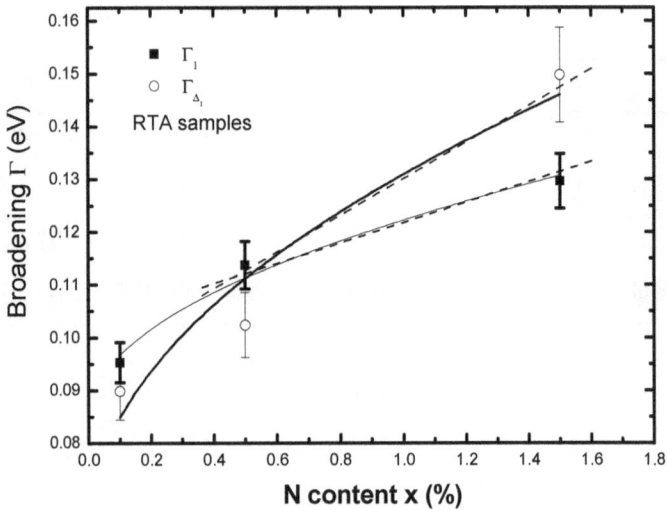

Figure IV-8: *Paramètres d'élargissement Γ_1 et $\Gamma_{\Delta 1}$ pour les points critiques E_1 et $E_1+\Delta_1$ en fonction de la composition de N (x = 0.1, 0.5, et 1.5%). Les symboles représentent la modélisation au SCP. Les traits continus la dépendance hyperbolique ($y = c + d\sqrt{x}$) et les traits discontinus la dépendance linéaire ($y = a + b\,x$) pour des compositions d'azote x> 0.4%.*

II. Effet du recuit :

Nous avons évoqué plus haut que la grande réduction du gap induite par l'incorporation de l'azote [5, 56] donne une grande faveur aux applications optoélectroniques telles que les lasers émettant dans la gamme de longueurs d'onde des télécommunications [57]. Cependant, il a été trouvé que l'augmentation dans la composition d'azote nécessaire pour obtenir le gap désiré a causé une dégradation de la qualité du matériau [58-60]. Plusieurs techniques ont été utilisées pour améliorer la qualité de ce matériau telles que : l'hydrogénation et les traitements après croissance tels que le recuit thermique rapide (RTA) [59, 61]. Dans le but d'optimiser le traitement thermique, les matériaux $GaAs_{1-x}N_x$ ont été largement étudiés soit par photoluminescence [62], ou par HRXRD [63]. Cependant, un effet indésirable est souvent induit : un décalage vers le bleu du pic d'émission a été observé après traitement thermique par RTA. Différentes interprétations ont été proposé pour expliquer le décalage vers le bleu du pic de PL par RTA. Li *et al.* [61] ont expliqué quantitativement cet effet par le fait que l'azote diffuse à l'extérieur du puits quantique de GaAsN. D'autres auteurs [62] ont proposé que le changement du maximum du pic de PL est relié à une amélioration de l'uniformité de l'alliage ; en effet, le traitement RTA diminue le potentiel de localisation de l'azote par la réorganisation des atomes d'azote dans la matrice de GaAsN.

Dans cette partie, nous proposons pour la première fois [50, 64], l'étude de l'effet du recuit par ellipsométrie sur une série de $GaAs_{1-x}N_x$ (x = 0.0%, 0.1%, 0.5% et 1.5 %) non recuits et une deuxième série de $GaAs_{1-x}N_x$ recuits (à 680°C pendant 90 secondes) ayant les mêmes concentrations.

II. 1. Mesures Ellipsométriques:

Les figures IV-9 et IV-10 montrent les paramètres ellipsométriques *tanψ* (a) et *cosΔ* (b) mesurés à température ambiante, respectivement pour la série d'échantillons recuits de $GaAs_{1-x}N_x$ (x = 0.1%, 0.5% et 1.5 %), et non recuits, en prenant comme référence GaAs wafer (x= 0.0%), sous un angle d'incidence de 75° et dans la gamme spectrale 1 à 5.5 eV, avec un pas de 5 meV. Un traitement chimique préalable à la mesure a été réalisé (chapitre I) pour tous les échantillons, pendant une minute dans une solution de NH_4OH.

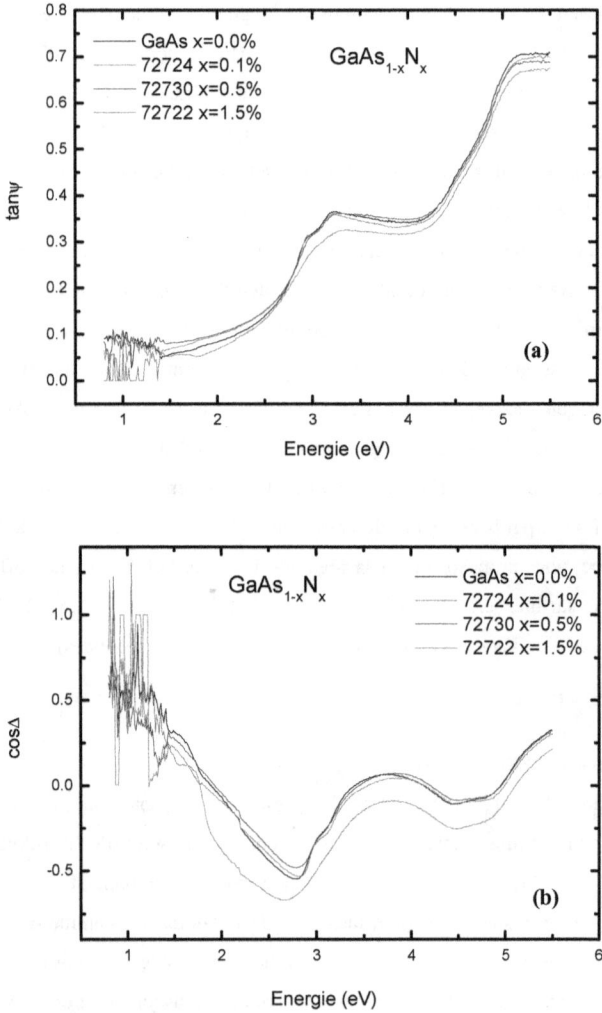

Figure IV-9: *tanψ (a) et cosΔ (b) pour GaAs$_{1-x}$N$_x$ (x =0.0%, 0.1%, 0.5% et 1.5 %) échantillons recuits.*

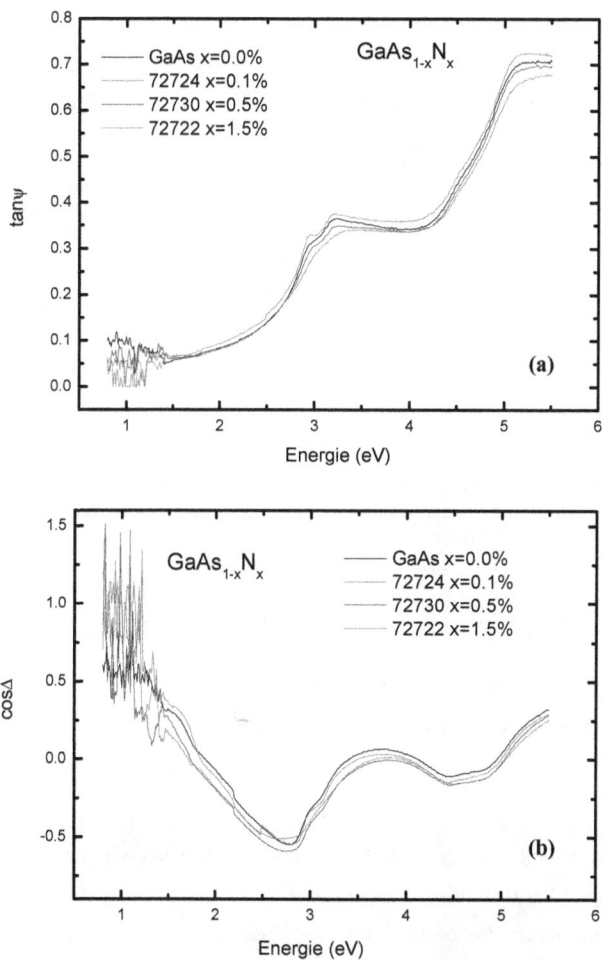

Figure IV-10: *tanψ (a) et cosΔ (b) pour GaAs$_{1-x}$N$_x$ (x =0.0%, 0.1%, 0.5% et 1.5 %)*
échantillons non recuits.

II. 2. Résultats :

La figure IV-11 montre les indices de réfraction n (a, a' et a'') et les coefficients d'extinction k (b, b' et b'') en fonction de l'énergie pour la série d'échantillons non recuits (traits continus) et celle des échantillons recuits (traits discontinus) de $GaAs_{1-x}N_x$, avec x = 0.1%, 0.5% et 1.5 %, dans la gamme d'énergie de 1.5 à 5.5 eV. Les indices complexes ont été obtenus par la méthode décrite dans le chapitre III, c'est à dire que le modèle de couches utilisé est celui à 4 phases : (substrat de GaAs/couche active de $GaAs_{1-x}N_x$/couche d'oxyde natif de GaAs/milieu ambiant). Nous avons supposé que l'oxyde natif de $GaAs_{1-x}N_x$ est le même que celui de GaAs, cette approximation est raisonnable puisqu'il s'agit de faibles compositions d'azote (x ≤ 1.5%). Les résultats obtenus pour les épaisseurs de chaque couche sont portés sur le tableau IV-5.

	Non recuits			Après RTA (recuit)		
	x =0.1%	x =0.5%	x =1.5%	x =0.1%	x =0.5%	x =1.5%
oxide natif de GaAs	2.5 nm	3.5 nm	1.5 nm	3.0 nm	4.0 nm	3.0 nm
$GaAs_{1-x}N_x$	0.14 µm	0.14 µm	0.20 µm	0.14 µm	0.10 µm	0.20 µm

Tableau IV-5: *Epaisseurs obtenues des couches d'oxyde natif de GaAs et de $GaAs_{1-x}N_x$ pour les échantillons recuits et non recuits, où x = 0.1%, 0.5% et 1.5 %.*

Dans la gamme d'énergie étudiée, il apparaît une faible diminution de l'indice de réfraction n de 0.4 et 0.15 respectivement pour les échantillons avec x = 0.1% et 0.5% due au recuit. Cependant, un effet contraire est observé (augmentation de l'indice de réfraction de 0.7) pour l'échantillon ayant la composition d'azote la plus élevée (x = 1.5%) du côté des hautes énergies. Concernant les coefficients d'extinction (k), un comportement similaire est observé du côté des hautes énergies; une augmentation de k due au traitement thermique est clairement observée pour l'échantillon contenant 1.5% d'azote. En effet, pour cet échantillon, le coefficient d'extinction atteint après le recuit la valeur de 4.35 autour de 5eV, ce qui correspond à celle de l'échantillon dont la composition d'azote est plus faible 0.5%.

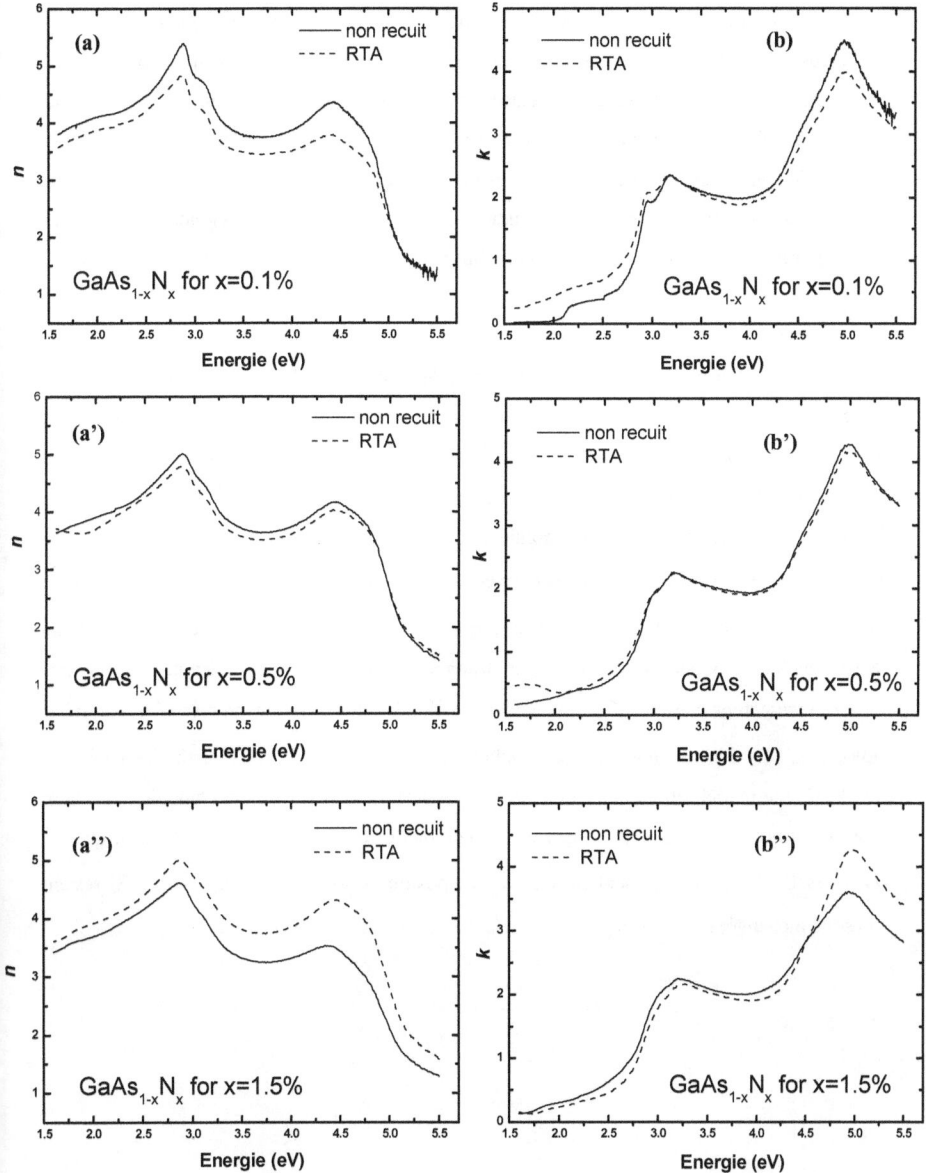

Figure IV-11: *Indices de réfraction n (a, a' et a'') et coefficients d'extinction k (b, b' et b'') en fonction de l'énergie pour la série d'échantillons non recuits (traits continus) et celle des échantillons recuits (traits discontinus) de GaAs$_{1-x}$N$_x$ avec x = 0.1%, 0.5% et 1.5 %.*

Ces comportements dus au recuit permettent de constater que celui-ci semble affecter plus les échantillons de GaAs$_{1-x}$N$_x$ de compositions élevées, donnant lieu à des valeurs d'indices complexes proches de celles de ceux de GaAs$_{1-x}$N$_x$ dilué (compositions < 1% d'azote). Cet effet est très intéressant, puisque un compromis a été trouvé entre avoir la valeur de gap désiré suite à l'incorporation d'azote et une bonne qualité d'échantillons dont les valeurs de constantes optiques sont proches de celles de GaAs après un recuit thermique. Ce qui mène à confirmer que le recuit thermique améliore l'effet connu de dégradation induit par l'incorporation de taux élevés d'azote dans GaAs$_{1-x}$N$_x$.

Dans le but de mettre en évidence l'effet de recuit sur les structures présentes dans les spectres et afin d'obtenir les paramètres des points critiques de manière précise, nous déterminons d'abord les spectres expérimentaux des fonctions diélectriques complexes $\varepsilon(E)$ à partir des indices complexes (chapitre III), que nous ajustons à l'aide de l'algorithme de Levenberg-Marquardt à la dérivée seconde donnée par l'équation IV-2.

La figure IV-12 représente les dérivées secondes $d^2\varepsilon_i(E)/dE^2$ de la partie imaginaire de $\varepsilon(E)$ dans la région 2.25 à 5.4 eV, qui montrent un bon accord entre les valeurs expérimentales (symboles) et   calculée (traits continus). Dans cette région, les spectres de $\varepsilon_i(E)$ présentent clairement quatre structures dominantes qui sont représentées par E$_1$ et E$_1$+Δ_1, E$_0$', E$_2$ dont les positions sont indiquées par des flèches. Les incertitudes dues à la procédure de modélisation sont minimisées en utilisant l'ajustement simultané de ces quatre points critiques dont chacun contient quatre paramètres (A_j, E_{cj}, Γ_j and ϕ_j). Pendant que les énergies E$_1$ et E$_1$+Δ_1 augmentent avec la composition d'azote, les énergies E$_0$', E$_2$ restent presque inchangées.

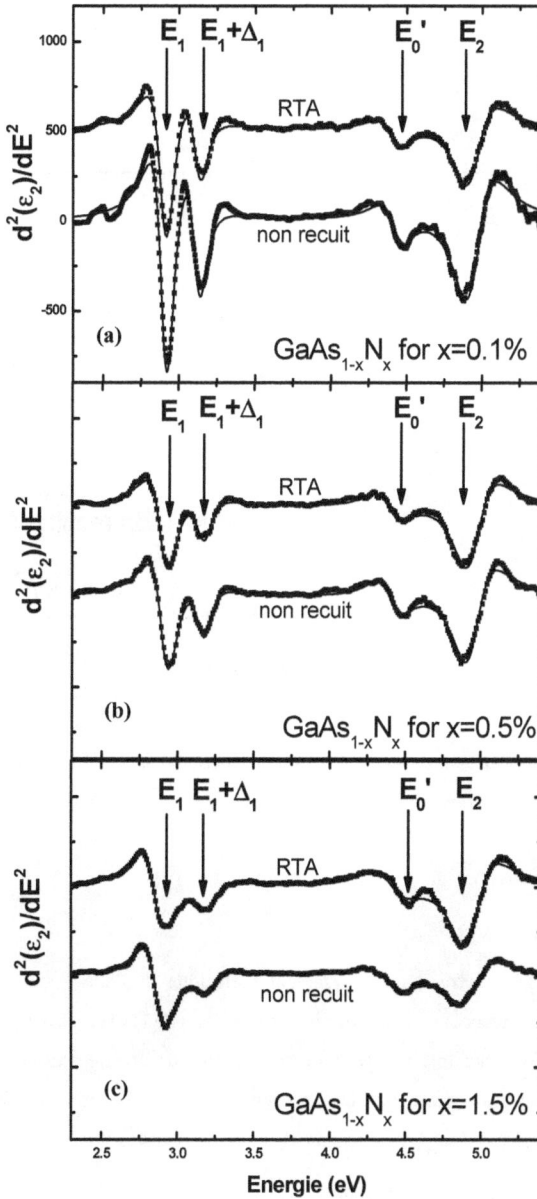

Figure IV-12: *Dérivées Secondes de la partie imaginaire de la fonction diélectrique pour les échantillons non recuits et recuits (RTA) de GaAs$_{1-x}$N$_x$: x = 0.1%, 0.5%, 1.5%. Symboles (traits continus) représentent les spectres expérimentaux (modélisés par SCP).*

Les points critiques obtenus par cette procédure montrent un très faible effet de recuit sur $E_1+\Delta_1$, E_0' et E_2, cependant, un effet notable est observé pour l'énergie de transition E_1.

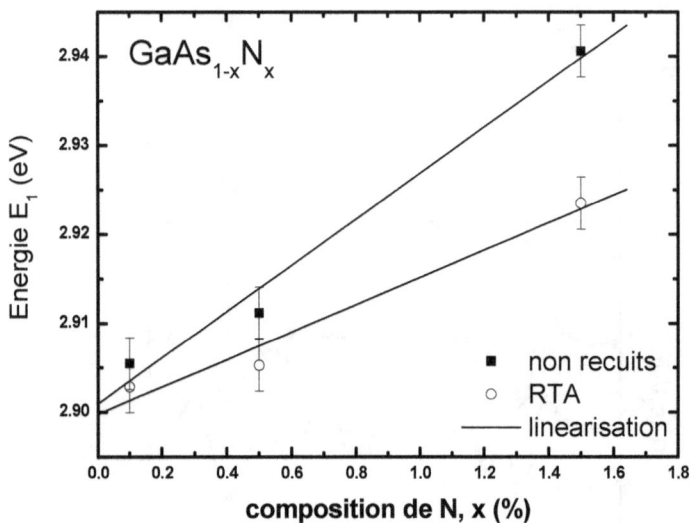

Figure IV-13: *Energie de transition E_1 en fonction de la composition d'azote (x = 0.1%, 0.5% et 1.5%) pour les échantillons non recuits (symboles) et recuits (cercles) de $GaAs_{1-x}N_x$.*

La figure IV-13 montre que le traitement thermique diminue l'énergie de E_1 par quelques meV à 20meV respectivement pour les échantillons de $GaAs_{1-x}N_x$ avec 0.1 et 1.5%. Nous confirmons encore une fois que le traitement thermique affecte plus les échantillons contenant des compositions d'azote élevées. La dépendance de E_1 en fonction de x vérifiant un comportement linéaire ($y = a + b\,x$) (partie I), nous portons les résultats dans le tableau IV-6.

Une diminution de la pente suite au recuit est nettement observée, allant de 2.6 eV à 1.5 eV respectivement pour les échantillons non recuits et recuits. C'est à dire que l'augmentation de l'énergie E_1 suite à l'incorporation d'azote (étudiée dans la partie I) est réduite par le traitement thermique. Nous avions expliqué que cette augmentation est interprétée par la somme de deux effets : l'effet d'alliage (augmentation de l'énergie) et l'effet de contrainte (diminution de l'énergie). Par conséquent, nous pouvons dire que l'effet d'alliage est réduit (diminution de la pente) par le traitement thermique, puisque celui-ci tend à réorganiser les atomes d'azote dans la matrice de GaAs et à homogénéiser la couche de $GaAs_{1-x}N_x$.

Dans le tableau IV-6, nous trouvons les mêmes paramètres de l'ajustement linéaire pour E_1 en fonction de la composition d'azote que dans la partie I pour les échantillons recuits. Nous rappelons que dans la partie I, le modèle massif a été utilisé, tandis que dans cette partie un modèle à quatre phases a été adopté, ce qui vérifie l'approximation du modèle massif utilisée au début du chapitre.

	Non recuits	RTA
a (eV)	2.901 (0.003)	2.899 (0.003)
b (eV)	2.6 (0.3)	1.5 (0.3)

Tableau IV-6: *Constantes (a et b) relatives à la dépendance linéaire (y = a + b x) en N de l'énergie E_1, pour les échantillons recuits et non recuits. Les incertitudes sont données entre parenthèses.*

III. Conclusion:

Dans ce chapitre, nous avons présenté les résultats d'analyse ellipsométrique sur les couches minces de $GaAs_{1-x}N_x$ de composition d'azote variable.

Nous avons étudié en première partie l'effet de l'incorporation d'azote dans $GaAs_{1-x}N_x$ (x = 0.0%, 0.1%, 0.5% et 1.5 %) dans une gamme d'énergie autour des points critiques E_1 et $E_1+\Delta_1$ (autour de 3 eV). Vu la grande similitude des courbes de la partie imaginaire de la fonction pseudodiélectrique $\varepsilon_i(E)$ de $GaAs_{1-x}N_x$ et de GaAs, nous avons adopté les mêmes notations pour les énergies de transition dans les différentes directions cristallographiques E_0, E_1, $E_1+\Delta_1$, E_0' et E_2. Nous avons constaté que l'augmentation de la composition x d'azote a introduit dans $\varepsilon_i(E)$ un léger décalage vers les hautes énergies pour les énergies de transitions E_1 et $E_1+\Delta_1$, ainsi qu'une augmentation de l'élargissement des deux structures. Ce résultat a été confirmé par l'étude de la dérivée seconde de la partie imaginaire de la fonction pseudodiélectrique $d^2\varepsilon_i(E)/dE^2$. En effet, l'ajustement de cette fonction au modèle standard des points critiques (SCP) à l'aide de l'algorithme de Levenberg-Marquardt nous a permis d'obtenir les paramètres $(A_j, E_{cj}, \Gamma_j$ et $\phi_j)$ des points critiques de manière précise. Le décalage vers les hautes énergies (blue-shift) avec l'augmentation de la composition x d'azote des énergies E_1 et $E_1+\Delta_1$ se représente bien par une approximation linéaire. Parmi les différentes hypothèses présentées en bibliographie, nous avons montré que cet effet peut être expliqué par la somme de deux effets: l'effet d'alliage et l'effet de contrainte. Une dépendance en azote de $E_1+\Delta_1$ supérieure à celle de E_1 induit une énergie de spin orbite Δ_1 non constante, et montrant aussi une dépendance linéaire avec la composition d'azote. Les paramètres d'élargissement Γ_1 et $\Gamma_{\Delta 1}$ des points critiques E_1 et $E_1+\Delta_1$ ont aussi été analysés. Ceux-ci présentent aussi une augmentation avec la composition d'azote, dont le comportement a pu être modélisé par une racine carrée. L'augmentation de l'élargissement peut être du soit aux défauts ou aux désordres de composition dans les alliages $GaAs_{1-x}N_x$, soit à une perturbation de la structure de bandes qui résulte du dopage d'azote.

En deuxième partie, nous avons étudié l'effet de traitement thermique (recuit à une température de 680°C pour 90 secondes) sur la série d'échantillons $GaAs_{1-x}N_x$ (x = 0.0%, 0.1%, 0.5% et 1.5 %) non recuits et la deuxième série de $GaAs_{1-x}N_x$ recuits ayant les mêmes concentrations. En premier lieu, les indices complexes (indice de réfraction n et coefficient d'extinction k), dans la gamme d'énergie de 1.5 à 5.5 eV, ont été obtenus à partir des mesures ellipsométriques en utilisant le modèle de couches à 4 phases: (substrat de

GaAs/couche active de $GaAs_{1-x}N_x$/couche d'oxyde natif de GaAs/milieu ambiant). Nous avons constaté que le recuit semble plus affecter les échantillons de $GaAs_{1-x}N_x$ de compositions élevées, donnant lieu à des valeurs d'indices complexes proches de celles de ceux de $GaAs_{1-x}N_x$ dilué (compositions < 1% d'azote). En second lieu, l'ajustement de la dérivée seconde de la partie imaginaire de la fonction diélectrique au modèle standard des points critiques (SCP) a permis une constatation plus précise relative aux énergies de transitions E_1, $E_1+\Delta_1$, E_0' et E_2. En effet, alors que le recuit montre un très faible effet sur les énergies $E_1+\Delta_1$, E_0' et E_2, un effet notable a été observé pour l'énergie de transition E_1 ; une diminution de la dépendance en azote suite au recuit est nettement observée, dont la pente varie de 2.6 eV à 1.5 eV respectivement pour les échantillons non recuits et recuits. Nous avons expliqué la diminution de la pente après traitement thermique par la réduction de l'effet d'alliage, suite à une réorganisation des atomes d'azote dans la matrice de GaAs et à une homogénéisation de la couche de $GaAs_{1-x}N_x$.

Références

[1] W. Shan, W. Walukiewicz, K. M. Yu, J.W. Ager III, E.E. Haller, J.F. Geisz, D.J. Friedman, J.M. Olson, S.R. Kurtz, H. P. Xin, and C. W. Tu, Phys. Status Solidi B 223, (2001) 75.

[2] M. Weyers, and M. Sato, Appl. Phys. Lett. 62, (1993) 1396, S. Sakai, Y. Ueta, ans Y. Terauchi, Jpn. J. Appl. Phys., Part 1, 32, (1993) 4431.

[3] S. H. Wei, and A. Zunger, Phys. Rev. Lett. 76, (1994) 664.

[4] K. Uesugi, N. Marooka, and I. Suemune, Appl. Phys. Lett. 74, (1999) 1254.

[5] R. Chtourou, F. Bousbih, S. Ben Bouzid and F. F. Charfi, Appl. Phys. Lett., 80, (2002) 2075.

[6] W. Shan, W. Walukiewicz, J.W. Ager III, E.E. Haller, J.F. Geisz, D.J. Friedman, J.M. Olson, and S.R. Kurtz, Phys. Rev. Lett. 82 1221 (1999).

[7] J. D. Perkins, A. Mascarenhas, Y. Zhang, J.F. Geisz, D.J. Friedman, J.M. Olson, and S.R. Kurtz, Phys. Rev. Lett. 82, 3312 (1999).

[8] Nebiha Ben Sedrine, Master (2006).

[9] Y. Zhang, A. Mascarenhas, H. P. Xin, and C. W. Tu, Phys. Rev. B, 61, 7479 (2000).

[10] Y. Zhang, A. Mascarenhas, J. F. Geisz, H. P. Xin, and C. W. Tu, Phys. Rev. B 63, 085205 (2001).

[11] P. R. C. Kent and A. Zunger, Phys. Rev. B 64, 115208 (2001).

[12] P. R. C. Kent and A. Zunger, Phys. Rev. Lett. 86, 2613 (2001).

[13] T. Makimoto, H. Saito, T. Nishida, and N. Kobayashi, Appl. Phys. Lett. 70, 2984 (1997).

[14] M. Weyers, M. Sato, and H. Ando, Jpn. J. Appl. Phys. 31, L853 (1992).

[15] M. Kondow, K. Uomi, K. Hosomi, and T. Mozume, Jpn. J. Appl. Phys. 33, L1056 (1994).

[16] G. Pozina, I. Ivanov, B. Monemar, J.V. Thordson, and T.G. Andersson, J. Appl. Phys. 84, 3830 (1998).

[17] W.G. Bi and C.W. Tu, Appl. Phys. Lett. 70, 1609 (1997).

[18] K. Uesugi and I. Suemune, Jpn. J. Appl. Phys., Part 2 36, L1572 (1997).

[19] S. H. Wei and A. Zunger, Phys. Rev. Lett. 76, 664 (1996.

[20] L. Bellaiche, S.-H. Wei, and A. Zunger, Appl. Phys. Lett. 70, 3558 (1997).

[21] L. Bellaiche, S.-H. Wei, and A. Zunger, Phys. Rev. B 54, 17568 (1996).

[22] J. Neugebauer and C. G. van de Walle, Phys. Rev. B 51, 10568 (1995).

[23] S. Sakai, Y. Ueta, and Y. Terauchi, Jpn. J. Appl. Phys. 32, 4413 (1993).

[24] M. Reason, X. Weng, W. Ye, D. Dettling, S. Hanson, G. Obeidi, and R. S. Goldmana, J. Appl. Phys. 97, 103523 (2005).

[25] A. Yu. Egorov, V. K. Kalevich, M. M. Afanasiev, A. Yu. Shiryaev, V. M. Ustinov, M. Ikezawa and Y. Masumoto, J. Appl. Phys. 98, 013539 (2005).

[26] T. Taliercio, R. Intartaglia, B. Gil, P. Lefebvre, T. Bretagnon U. Tisch, E. Finkman, J. Salzman, M.-A Pinault, M. Laugt, and E. Tournie, Phys. Rev. B 69, 073303 (2004).

[27] J. Plaza, J. L. Castaño, and B. J. Garcíaa, H. Carrère and E. Bedel-Pereira, Appl. Phys. Lett. 86, 121918 (2005).

[28] A. Grau, T. Passow, and M. Hetterich, Appl. Phys. Lett. 89, 202105 (2006).

[29] H. Gruning, L. Chen, T. Hartman, P. J. Klar, W. Heimbrodt, F. Hohnsdorf, and W. Stolz, Phys. Status Solidi B 215, 39 (1999).

[30] S. Matsumoto, H. Yaguchi, S. Kashiwase, T. Hashimoto, S. Yoshida, D. Aoki, and K. Onabe, J. Cryst. Growth 221, (2000) 481.

[31] G. Leibiger, V. Gottschalch, B. Rheinlander, J. Sik, and M. Schubert, Appl. Phys. Lett. 77, (2000) 1650.

[32] W. K. Hung, M. Y. Chern, Y. F. Chen, Z. L. Yang, and Y. S. Huang, Phys. Rev. B 62, (2000) 13028.

[33] G. Leibiger, V. Gottschalch, A. Kasik, B. Rheinlander, J. Sik, and M. Schubert, Mat. Res. Symp. (2001) 639.

[34] U. Tish, E. Finkman, and J. Salzman, Phys. Rev. B, 65, (2002) 153204.

[35] V. Timoshevskii, M. Côté, G. Gilbert, R. Leonelli, S. Turcotte, J.-N. Beaudry, P. Desjardins, S. Larouche, L. Martinu, and R. A. Masut, Phys. Rev. B 74, (2006) 165120.

[36] J. Wagner, K. Koehler, P. Ganser, and N. Herres, Appl. Phys. Lett. 77, (2000) 3592.

[37] A. Pulzara-Mora, E. Cruz-Hernandez, J. Rojas-Ramirez, R. Contreras-Guerrero, M. Melendez-Lira, C. Falcony-Guajardo, M.A. Aguilar-Frutis, M. Lopez-Lopez, J. Cryst. Growth, 301–302, 565 (2007).

[38] N. Ben Sedrine, J. Rihani, J. L. Stehle, J. C. Harmand, and R. Chtourou, Mat. Sci. Eng. C, vol. 28, p 640, (2008).

[38bis] Y. W. Jung, T. H. Ghong, and Y. D. Kim, D. E. Aspnes, Appl. Phys. Lett. 91, 121903, (2007).

[39] T. Mattila, S.-H. Wei, and A. Zunger, Phys. Rev. B 60, R11 245 (1999).

[40] Y. Zhang, A. Mascarenhas, H. P. Xin, and C. W. Tu, Phys. Rev. B 61, 7479 (2000).

[41] H. M. Cheong, Y. Zhang, A. Mascarenhas, and J. F. Geisz, Phys. Rev. B 61, 13 687 (2000).

[42] J. Wu, W. Walukiewicz, and E. E. Haller, Physical Review B 65, 233210 (2002).

[43] P. Lautenschlager, M. Garriga, S. Logothetidis, and M. Cardona, Phys. Rev. B 35, 9174 (1987).

[44] J. M. Wrobel, J. L. Aubel, U. K. Reddy, S. Sudaram, J. P. Salerno, and J. V. Gormley, J. Appl. Phys. 59, 226 (1986).

[45] M. Muñoz, Y. S. Huang, F. H. Pollak, H. Yang, J. Appl. Phys. 93, 5, 2549 (2003).

[46] Handbook of Condensed Matter and Materials Data, Springer, (2005).

[47] R. Lange, K. E. Junge, S. Zollner, S. S. Iyer, A. P. Powell, and K. Eberl, J. Appl. Phys. 80, 4578 (1996).

[48] P. Etchegoin, J. Kircher, M. Cardona, C. Grein, and E. Bustarret, Phys. Rev. B 46, 15139 (1992).

[49] D. J. Chadi, Phys. Rev. B 16, (1977) 790.

[50] N. Ben Sedrine, J. Rihani, J. C. Harmand, and R. Chtourou, Journal of Telecommunication and Information Technology (JTIT), *in press*.

[51] S. Logothetidis, M. Alouani, M. Garriga, and M. Cardona, Phys. Rev. B 41, 2959 (1990).

[52] S.M. Kelso, D.E. Aspnes, M.A. Pollack, and R.E. Nahory, Phys. Rev. 26, 6669 (1982).

[53] C. Alibert, G. Bordure, A. Laugier, and J. Chevallier, Phys. Rev. B 6, 1301 (1972).

[54] F. Lukes, S. Gopalan, and M. Cardona, Phys. Rev. B 47, 7071 (1994).

[55] L. Vina and M. Cardona, Phys. Rev. B 29, 7071 (1984).

[56] M. Weyers, M. Sato, and H. Ando, Jpn. J. Appl. Phys., Part 2 31, L853 (1992).

[57] M. Kondow et al. Jpn. J. Appl. Phys. Part I 35, 1273 (1996).

[58] H. P. Xin and C. W. Tu, Appl. Phys. Lett. vol. 72, 2442 (1998).

[59] S. Francoeur et al. Appl. Phys. Lett. vol. 72, 1857 (1998).

[60] I. A. Buyanova et al. Appl. Phys. Lett. vol. 75, 501 (1999).

[61] L. H. Li et al J. Appl. Phys. vol. 87, 245 (2000), and references there in.

[62] F. Bousbih et al. Mat. Sci. Eng. B, vol. 123, 211(2005), and references there in.

[63] E. Tournié, M.-A. Pinault, and A. Guzmán: Appl. Phys. Lett. vol. 80, 4148 (2002).

[64] N. Ben Sedrine, A. Bardaoui, J. C. Harmand, and R. Chtourou, ICTON-MW'07 special issue of IEEE Conference Proceeding 978-1-4244-1639-4/07 (2008).

Chapitre V :

Effets de l'incorporation d'antimoine dans GaAsSb et de l'azote dans GaAsSbN

Dans ce chapitre, nous présentons les résultats d'analyse ellipsométrique sur les couches minces de GaAs$_{1-x}$Sb$_x$ de composition d'antimoine variable et de GaAs$_{0.9-x}$Sb$_{0.1}$N$_x$ de composition d'azote variable. Cette étude consiste en première partie à étudier l'effet de l'incorporation d'antimoine dans GaAs$_{1-x}$Sb$_x$ (x = 0.0%, 6.7% et 10.8%) par ellipsométrie dans une large gamme d'énergie au-dessus du gap fondamental E$_0$. En deuxième partie, nous allons étudier l'effet de l'introduction d'azote dans GaAs$_{0.9-x}$Sb$_{0.1}$N$_x$ (x = 0.00 %, 0.03 %, 0.65 %, 1.06 %, 1.45 % et 1.90 %) dont la composition d'antimoine est constante 10%, autour du gap E$_0$, puis sur une plus large gamme spectrale.

I. Etude des couches de GaAs$_{1-x}$Sb$_x$:

L'alliage GaAs$_{1-x}$Sb$_x$ est un matériau important pour la fabrication de composants électroniques et optoélectroniques (lasers et diodes) couvrant une gamme de longueurs d'onde entre 0.9 et 1.7 microns [1, 2]. Son potentiel technologique a été étudié avec d'autres alliages III-V, par exemple avec InAlAs pour l'hétérojonction dans les transistors à effets de champ [3], avec AlAsSb pour des miroirs de Bragg [4], et avec AlGaAsSb pour des lasers à double hétérostructures [5]. En particulier, une couche de GaAs$_{1-x}$Sb$_x$ (x=0.49), en accord de maille avec un substrat de InP, trouve son application dans des composants infra-rouge à 1.6 microns [6, 7]. Une plus large application des semiconducteurs GaAs$_{1-x}$Sb$_x$ élaborés sur substrat de GaAs est utilisée comme couche active dans les lasers pour le transfert des données dans la gamme de longueurs d'onde 1.3-1.5 microns [8, 9], ainsi que dans les transistors bipolaires à hétérojonction (HBT) où GaAsSb représente la base [10]. Dernièrement, plusieurs travaux ont été effectués sur la croissance et la caractérisation structurale de GaAs$_{1-x}$Sb$_x$ pouvant atteindre des conditions de croissance optimisées par MOVPE [11] et MBE [12].

Une connaissance précise des propriétés optiques est nécessaire pour plusieurs raisons dont l'amélioration de la sélection des épaisseurs des couches dans un composant, l'augmentation de la précision dans la caractérisation des structures en évitant de se baser sur l'extrapolation des indices de réfraction des matériaux parents GaAs et GaSb.

Plusieurs études rapportant sur GaAs$_{1-x}$Sb$_x$ ont été limitées à la région de gap fondamental en utilisant la photoluminescence, des mesures d'absorption [13-15], la diffusion Raman [16]. Cependant, très peu de travaux se sont intéressés aux propriétés optiques de GaAs$_{1-x}$Sb$_x$ élaborés sur substrat de GaAs dans la gamme d'énergie supérieure à celle du gap fondamental [17]. Serries *et al.* [18] ont étudié l'effet de contrainte dans GaAs$_{1-x}$Sb$_x$ élaboré sur substrat de InP en utilisant la spectroscopie Raman et l'ellipsométrie spectroscopique. Ferrini *et al.* [17] ont étudié des échantillons de GaAs$_{1-x}$Sb$_x$ (x = 6.4%, 14%, 22%, 31% et 44%) élaborés sur substrat de GaAs par la technique d'épitaxie par jets moléculaires (MBE) et ont déterminé la fonction diélectrique de l'alliage en utilisant des mesures d'ellipsométrie spectroscopique après avoir soustrait mathématiquement la couche d'oxyde. Dans ce travail, nous nous proposons d'étudier par ellipsométrie d'autres compositions de Sb (x = 6.7% et 10.8%) de GaAs$_{1-x}$Sb$_x$, en effectuant un traitement chimique des échantillons dans une solution de NH$_4$OH, afin de réduire la couche d'oxyde [19].

I. 1. Mesures Ellipsométriques:

Les figures V-1 et V-2 montrent les paramètres ellipsométriques $tan\psi$ (a) et $cos\Delta$ (b) mesurés à température ambiante, respectivement pour les échantillons de $GaAs_{1-x}Sb_x$ (x = 6.7% et 10.8 %), en prenant comme référence le GaAs wafer (x= 0.0%), sous un angle d'incidence de 75° et dans la gamme spectrale de 1.4 à 5.5 eV, avec un pas de 5 meV. Les échantillons sont d'abord mesurés tels qu'ils sont, puis un traitement chimique, pendant une minute, dans une solution de NH_4OH, est effectué, afin de réduire la couche d'oxyde à la surface des échantillons.

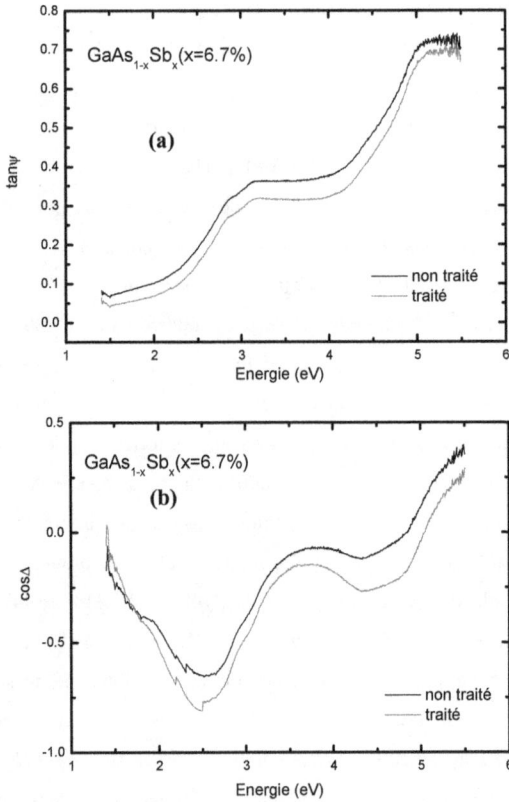

Figure V-1: $tan\psi$ (a) et $cos\Delta$ (b) pour $GaAs_{1-x}Sb_x$ (x =6.7%) avant (trait noir) et après (trait coloré) traitement chimique dans une solution de NH_4OH.

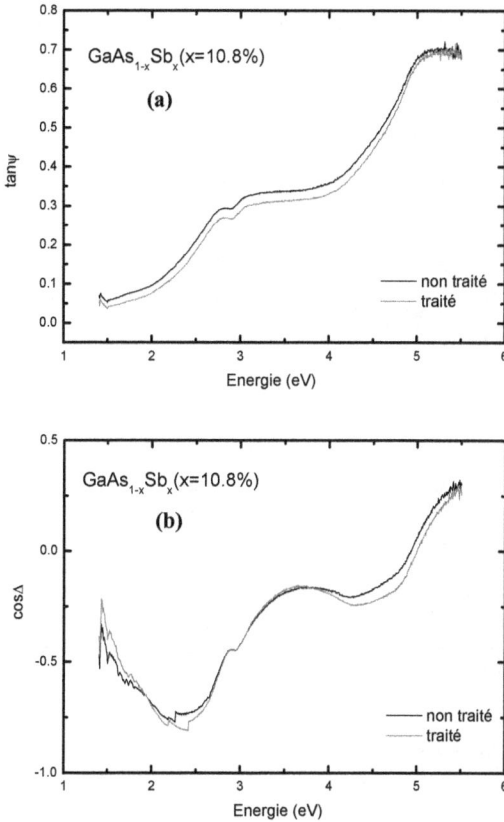

Figure V-2: *tanψ (a) et cosΔ (b) pour GaAs$_{1-x}$Sb$_x$ (x = 10.8%) avant (trait noir) et après (trait coloré) traitement chimique dans une solution de NH$_4$OH.*

Avant traitement, les épaisseurs de la couche d'oxyde trouvées pour les échantillons de GaAs$_{1-x}$Sb$_x$ (x = 0.0, 6.7, et 10.8%) sont respectivement : 34.9, 37.5 et 25.1 A°. Après traitement chimique dans une solution de NH$_4$OH (diluée dans de l'eau désionisée) pendant une minute, les épaisseurs de la couche d'oxyde ont été réduites à 10.9, 20 and 20 A° respectivement.

I. 2. Résultats :

La figure V-3 montre les indices de réfraction n (a) et les coefficients d'extinction k (b) en fonction de l'énergie pour les couches minces traitées chimiquement de $GaAs_{1-x}Sb_x$, avec (x = 0.0%, 6.7% et 10.8%), dans la gamme d'énergie de 1.4 à 5.5 eV. Nous avons aussi rajouté l'indice complexe de GaSb [20] pour comparaison. Les indices complexes ont été obtenus par la méthode décrite dans le chapitre III, c'est à dire que le modèle de couches utilisé est celui à 4 phases : (substrat de GaAs/couche active de $GaAs_{1-x}Sb_x$/couche d'oxyde natif de GaAs/milieu ambiant). Nous avons supposé que l'oxyde natif de $GaAs_{1-x}Sb_x$ est le même que celui de GaAs, cette approximation est raisonnable puisqu'il s'agit de faibles compositions d'antimoine (x ≤ 10.8%). Les résultats obtenus pour les épaisseurs de chaque couche sont portés sur le tableau V-1.

	x =0.0%	x =6.7%	x =10.8%
oxide natif GaAs	1.9 nm	2.0 nm	2.0 nm
$GaAs_{1-x}Sb_x$	wafer GaAs	0.08 µm	0.36 µm

Tableau V-1: *Epaisseurs obtenues des couches d'oxyde natif de GaAs et de $GaAs_{1-x}Sb_x$ (x = 0.0%, 6.7% et 10.8%) pour les échantillons traités dans NH_4OH.*

Dans le but de mettre en évidence l'effet d'introduction d'antimoine sur les structures présentes dans les spectres et afin d'obtenir les paramètres des points critiques de manière précise, nous déterminons d'abord les spectres expérimentaux des fonctions diélectriques complexes $\varepsilon(E)$ à partir des indices complexes (chapitre III).

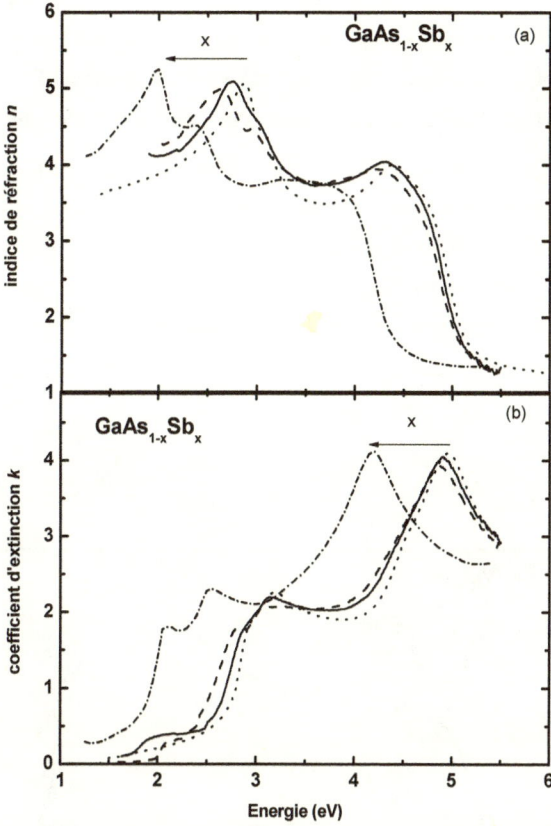

Figure V-3: *Indices de réfraction n (a) et coefficients d'extinction k (b) en fonction de l'énergie pour GaAs$_{1-x}$Sb$_x$, avec (x = 0.0%, 6.7% et 10.8%).*

La figure V-4 montre les spectres de la partie imaginaire des fonctions diélectriques $\varepsilon(E) = \varepsilon_r(E) + i\varepsilon_i(E)$ dans la gamme d'énergie supérieure au gap E_0, c'est à dire de 2.25 à 5.75 eV, obtenues pour (x = 0.0%, 6.7% et 10.8%). Les courbes sont décalées verticalement pour des raisons de clarté. Il est intéressant de remarquer la grande similitude des courbes de $\varepsilon_i(E)$ de GaAs$_{1-x}$Sb$_x$ et de GaAs, les énergies de transition dans les différentes directions cristallographiques E_1, $E_1+\Delta_1$, E_0' et E_2 (chapitre III) sont indiquées par des flèches. Ce résultat nous amène à dire que pour les compositions d'antimoine étudiées (x = 0.0%, 6.7% et 10.8%), la fonction diélectrique de GaAs$_{1-x}$Sb$_x$ peut être représentée par le même modèle que celui utilisé pour GaAs à la température ambiante (eq IV-1). Cependant, un léger décalage vers les basses énergies est visible pour les énergies de transitions E_1, $E_1+\Delta_1$, E_0' et E_2, les spectres montrent aussi une augmentation de l'élargissement des structures avec l'augmentation de la composition x d'antimoine.

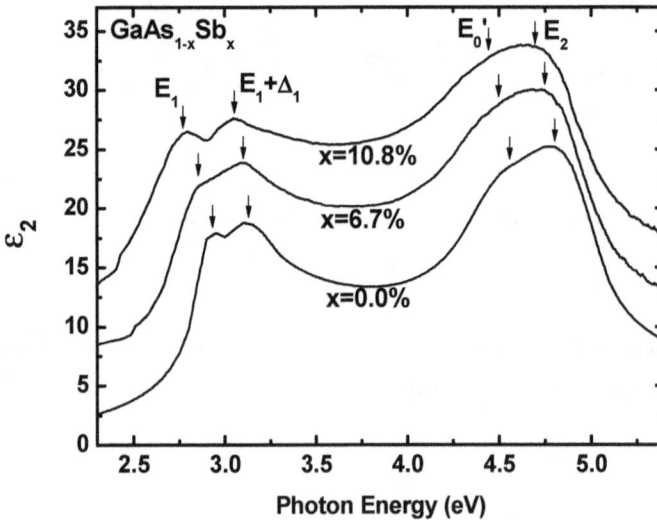

Figure V-4: *Partie imaginaire des fonctions diélectriques obtenues pour GaAs$_{1-x}$Sb$_x$ (x = 0.0%, 6.7% et 10.8%).*

La figure V-5 représente les dérivées secondes $d^2\varepsilon_i(E)/dE^2$ de la partie imaginaire de $\varepsilon(E)$ dans la région 2.25 à 5.75 eV. L'ajustement à l'aide de l'algorithme de Levenberg-Marquardt de la dérivée seconde des spectres expérimentaux de $\varepsilon(E)$ à l'expression théorique de $d^2\varepsilon(E)/dE^2$ (eq IV-2) montrent un bon accord entre les valeurs expérimentales (symboles) et calculées (traits continus). Dans cette région, les spectres de $\varepsilon_i(E)$ présentent clairement quatre structures dominantes qui sont représentées par E_1, $E_1+\Delta_1$, E_0' et E_2 dont les positions sont indiquées par des flèches. Les incertitudes dues à la procédure de modélisation sont minimisées en utilisant l'ajustement simultané de ces quatre points critiques dont chacun contient quatre paramètres (A_j, E_{cj}, Γ_j et ϕ_j). Les paramètres d'ajustement obtenus pour chaque point critique sont indiqués dans le tableau V-2.

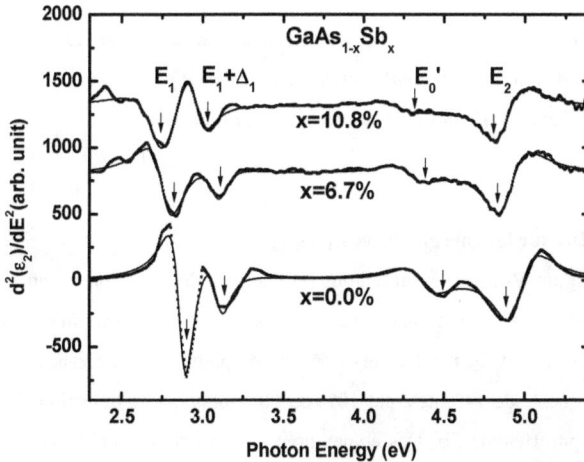

Figure V-5: *Dérivées secondes de la partie imaginaire des fonctions diélectriques (symboles) et le résultat de l'ajustement au SCP (traits continus) pour GaAs$_{1-x}$Sb$_x$ (x = 0.0%, 6.7% et 10.8%).*

Energie (eV)	$x = 0.0\%$	$x = 6.7\%$	$x = 10.8\%$
E_1	2.874 (0.001)	2.764 (0.002)	2.740 (0.006)
$E_1 + \Delta_1$	3.120 (0.003)	3.030 (0.005)	3.015 (0.005)
E_0'	4.366 (0.003)	4.287 (0.011)	4.223 (0.027)
E_2	4.962 (0.003)	4.896 (0.003)	4.872 (0.005)
Δ_1	0.246 (0.004)	0.266 (0.007)	0.275 (0.011)
Γ_1	0.090 (0.001)	0.131 (0.002)	0.167 (0.006)
$\Gamma_1 + \Delta_1$	0.097 (0.003)	0.103 (0.005)	0.107 (0.005)
Γ_0'	0.165 (0.007)	0.178 (0.011)	0.225 (0.027)
Γ_2	0.162 (0.003)	0.167 (0.003)	0.168 (0.005)

Tableau V-2: Energies de transition E_{cj}, énergie de spin orbite Δ_1, et élargissements Γ_j de chaque point critique représentant le meilleur ajustement pour $GaAs_{1-x}Sb_x$ (x = 0.0%, 6.7% et 10.8%). Les incertitudes sont données entre parenthèses.

I. 2. 1. Effet sur les énergies E_1 et $E_1 + \Delta_1$:

Dans la figure V-6 nous représentons les énergies de transition E_{cj} en fonction de la composition d'antimoine. Un décalage vers les basses énergies est noté pour toutes les énergies E_1, $E_1 + \Delta_1$, E_0' et E_2, mais, celui-ci dépend du point critique considéré. L'énergie de transition E_0' se décale de 143 meV par 10% de Sb, tandis que la transition E_2 ne se décale que de 90 meV par 10% de Sb. Des études précédentes [21] élaborées sur du GaAs dopé montrent aussi un décalage vers les basses énergies des transitions E_1 et $E_1 + \Delta_1$. Dans notre cas, la diminution observée de E_1 et $E_1 + \Delta_1$ avec l'augmentation de la composition d'antimoine est respectivement de 134 et 105 meV par 10% de Sb.

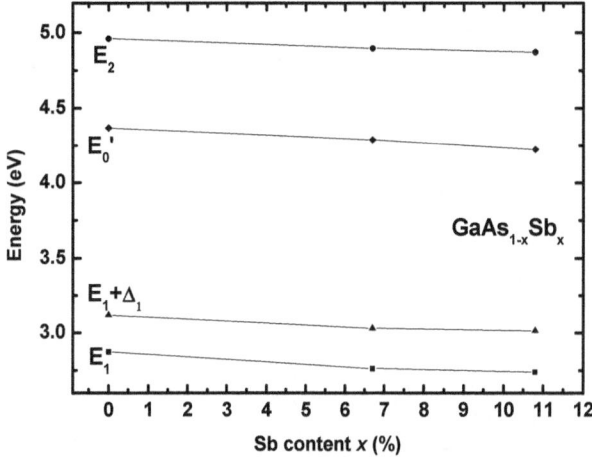

Figure V-6: *Energies de transition E_{cj} en fonction de la composition d'antimoine GaAs$_{1-x}$Sb$_x$ (x = 0.0%, 6.7% et 10.8%).*

Dans la figure V-7, nous présentons nos résultats expérimentaux en comparaison avec ceux de Ferrini *et al.* [17]. Concernant les énergies de transition E_1 et $E_1+\Delta_1$, le modèle utilisé par Ferrini *et al.* est en bon accord avec nos valeurs expérimentales. Cependant, pour les énergies de transition E_0' et E_2, un faible désaccord est observé, nous considérons que notre procédure d'ajustement donne des résultats plus précis, surtout pour GaAs (x=0%) en comparaison avec des études précédentes [22] et comme indiqué par la valeur des incertitudes dans le tableau V-2.

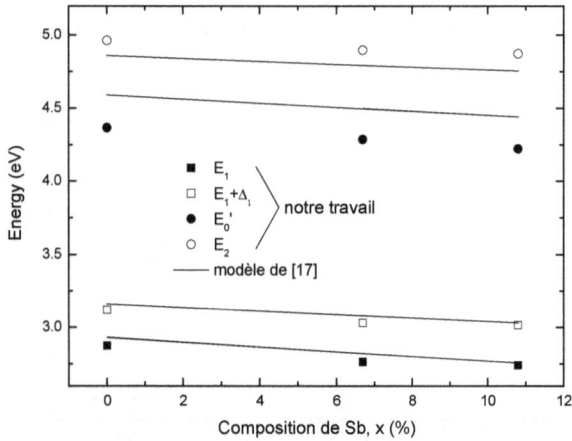

Figure V-7: *Energies de transition E_1, $E_1+\Delta_1$, E_0' et E_2 de GaAs$_{1-x}$Sb$_x$ en fonction de la composition de Sb, notre travail (symboles) et modèle (traits continus) de [17].*

Le modèle utilisé dans la référence [17], n'est autre que :

$$E_{cj}(x) = A + B.x + C.x.(x-1) \qquad\qquad \text{eq V-1}$$

où $A = E_{cj}(0)$, $B = E_{cj}(1) - E_{cj}(0)$, et C un paramètre de "bowing".

En effet, comme dans d'autres alliages semiconducteurs III-V [23], la variation des énergies de transition en fonction de la composition d'alliage peut être exprimée sous une forme quadratique (eq V-1).

Les valeurs correspondantes (*) aux facteurs A, B et C sont données dans le tableau V-3. Nous avons aussi représenté, pour comparaison, les résultats de Ferrini *et al.* [17] et de Serries *et al.* pour GaAs$_{1-x}$Sb$_x$ non contraint [18].

	E_0	E_1	$E_1+\Delta_1$	E_0'	E_2
	1.41 [17]	2.93 [17]	3.16 [17]	4.59 [17]	4.86 [17]
A (eV)	-	2.632 [18]	3.275 [18]	-	-
	1.43 [24]	2.874*	3.12*	4.366*	4.962*
	-0.69 [17]	-0.89 [17]	-0.67 [17]	-1.09 [17]	-0.82 [17]
B (eV)	-	-1.043 [18]	-1.626 [18]	-	-
	-0.7 [24]	-2.199*	-1.859*	-0.978*	-1.196*
	1.41 [17]	0.8 [17]	0.59 [17]	0.32 [17]	0.19 [17]
C (eV)	-	0.547 [18]	0.593 [18]	-	-
	1.2 [24]	0.98*	0.91*	-0.35*	0.37*

Tableau V-3: *Constantes (A, B et C) relatives à la dépendance quadratique (eq V-1) en Sb des énergies E_0, E_1, $E_1+\Delta_1$, E_0' et E_2. (*) notre travail pour GaAs$_{1-x}$Sb$_x$.*

Il est connu que le phénomène de "bowing" dans les alliages semiconducteurs résulte principalement de deux contributions [25]. La première basée sur l'approximation du cristal virtuel, dans laquelle le potentiel périodique du cristal ainsi que le paramètre de maille varient linéairement avec la composition de l'alliage. La seconde due au désordre de l'un des sous-réseaux (cations ou anions) et donne lieu à un "bowing" négatif.

	GaAs	GaSb
E_1 (eV)	2.874	2.079 [26]
$E_1+\Delta_1$ (eV)	3.12	2.520 [26]
a (A°)	5.653	6.095
C_{11} (10^{10}Pa) [27]	11.88	8.834
C_{12} (10^{10}Pa) [27]	5.38	4.02
D_1^1 (eV)	-6.7 [28,28bis]	-7.5 [28bis]
D_3^3 (eV)	-4.5 [28bis']	-4.7 [28bis]

Tableau V-4 : *Energies de transition E_1 et $E_1+\Delta_1$, paramètres de maille, constantes d'élasticité C_{11} et C_{12} et potentiels de déformation hydrostatique D_1^1 et uniaxiale D_3^3 de GaAs et GaSb.*

Dans le but d'expliquer le décalage vers les basses énergies observé pour E_1 et $E_1+\Delta_1$ avec l'incorporation d'antimoine, nous avons procédé à la même analyse que dans le chapitre précédent, en se basant sur les effets d'alliage et de contrainte. Pour cela, nous avons utilisé les valeurs tabulées (tableau V-4), puis nous avons calculé les énergies de transition E_1 et $E_1+\Delta_1$, les paramètres de maille, les constantes d'élasticité C_{11} et C_{12} en fonction de la composition d'antimoine (x=6.7 et 10.8%) (tableau V-5), ainsi que l'effet de contrainte en compression due à l'antimoine. Les résultats obtenus sont portés sur la figure V-8.

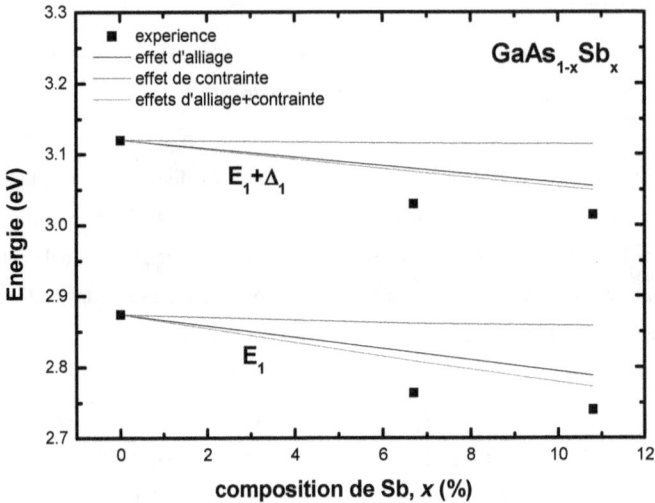

Figure V-8 : *Représentation des différents effets (traits continus) dus à l'incorporation d'antimoine sur les énergies E_1 et $E_1+\Delta_1$: effet d'alliage, effet de contrainte, somme des effets d'alliage et de contrainte, comparée aux points expérimentaux (symboles).*

		x=6.7%	x=10.8%
Effet d'alliage	E_1 (eV)	2.821	2.788
	$E_1+\Delta_1$ (eV)	3.079	3.055
	a_x (GaAs$_{1-x}$Sb$_x$) (A$^\circ$)	5.682	5.700
	$\varepsilon_\perp = \Delta a / a$ (%)	0.523	0.844
	c_{11} (GaAs$_{1-x}$Sb$_x$) (10^{10}Pa)	9.038	9.162
	c_{12} (GaAs$_{1-x}$Sb$_x$) (10^{10}Pa)	5.288	5.233
	$\varepsilon_{//}$ (%)	-0.613	-0.964
Effet de contrainte	ε_H (%)	-0.702	-1.083
	ε_S (%)	1.136	1.808
	D_1^1 (eV)	-6.7536	-6.7864
	D_3^3 (eV)	-4.5134	-4.5216
	$\delta\varepsilon_H$ (eV)	0.049	0.080
	$\delta\varepsilon_S$ (eV)	-0.090	-0.145
	δE_1 (eV)	-0.012	-0.015
	$\delta(E_1+\Delta_1)$ (eV)	-0.004	-0.005

Tableau V-5 : *Energies de transition E_1 et $E_1+\Delta_1$, paramètres de maille, constantes d'élasticité C_{11} et C_{12}, contraintes hydrostatique ε_H et uniaxiale ε_S, potentiels de déformation hydrostatique D_1^1 et uniaxiale D_3^3, et leurs effets sur E_1 et $E_1+\Delta_1$, de l'alliage GaAs$_{1-x}$Sb$_x$ (x=6.7 et 10.8%).*

Il est important à noter que pour les compositions d'antimoine étudiées allant de 0<x<10.8%, les effets d'alliage et de contrainte ne sont pas suffisants pour interpréter le red-shift observé des E₁ et E₁+Δ₁.

I. 2. 2. Effet sur l'énergie de spin orbite Δ_1 :

La variation des énergies de E_1 et $E_1 + \Delta_1$ analysée plus haut induit une augmentation linéaire de l'énergie de spin orbite Δ_1 avec la composition d'antimoine (figure V-9), dont la pente est 27meV par 10% de Sb.

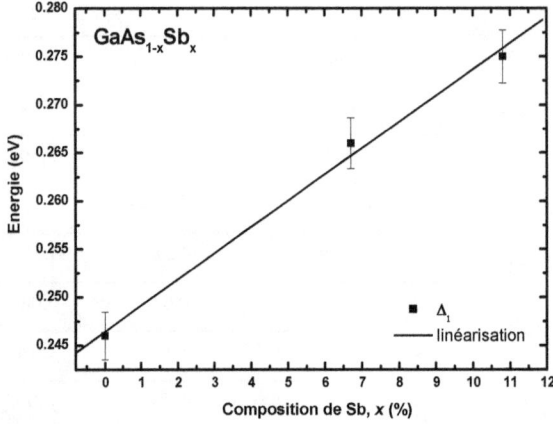

Figure V-9: *Energie de spin orbite Δ_1 en fonction de la composition d'antimoine (x = 0.0%, 6.7% et 10.8%). Les symboles représentent le résultat de l'ajustement au SCP, les traits continus représentent l'ajustement linéaire de ces points.*

I. 2. 3. Effet sur l'élargissement des transitions:

Dans la figure V-10 nous représentons les élargissements Γ_j en fonction de la composition d'antimoine.

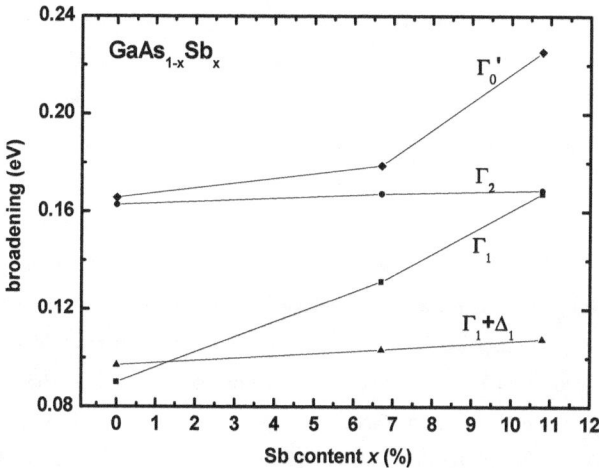

Figure V-10: *Elargissements Γ_j des points critiques en fonction de la composition d'antimoine GaAs$_{1-x}$Sb$_x$ (x = 0.0%, 6.7% et 10.8%).*

L'effet induit par l'incorporation d'antimoine sur les paramètres d'élargissement Γ_j des points critiques est clairement observé sur la figure V-9. En effet plus la composition de Sb augmente plus les points critiques s'élargissent. L'augmentation du paramètre d'élargissement peut être interprété [29] comme étant un effet d'alliage, des fluctuations, et des variations de composition à grande portée. L'augmentation plus importante des paramètres d'élargissement Γ_1 et Γ_0' pour les alliages GaAs$_{1-x}$Sb$_x$ de composition en Sb assez élevée (6.7 et 10.8%), peut être expliquée par le fait que les points critiques E_1 et E_0' soient plus affectés par le désordre induit par le Sb en comparaison avec $E_1+\Delta_1$ et E_2.

II. Etude des couches de GaAsSbN :

La réduction importante de l'énergie de bande interdite suite à l'incorporation d'un faible taux d'azote a attiré un grand intérêt des équipes de recherche dans le monde. L'alliage quaternaire InGaAsN élaboré sur substrat de GaAs a largement été étudié comme matériau de base pour les lasers émettent dans le domaine des télécommunications [30] ou pour son application dans les cellules solaires [31]. Cet alliage a aussi été élaboré sur substrats de InP pour des applications dans le domaine des détecteurs aux grandes longueurs d'onde [32]. Les lasers à base de InGaAsN sur substrat de GaAs, avec une couche de AlGaAs, émettant au voisinage de 1.3μm, ont déjà montré de grands confinements optique et électronique [33]. Cependant, il est difficile d'obtenir des émissions à des longueurs d'onde au-delà de 1.3μm, en particulier l'émission à 1.55μm, en utilisant InGaAsN sur substrat de GaAs. Une des difficultés réside dans le fait que l'incorporation d'azote diminue de manière drastique en présence d'Indium dans InGaAsN élaboré par MOVPE, en comparaison avec celle dans GaAsN [34, 35]. L'équipe de recherche dirigée par J. C. Harmand a proposé en 1999 l'étude d'un nouvel alliage GaAsSbN, élaboré sur substrat de GaAs [36], qui présente une alternative intéressante au matériau InGaAsN. Cette démarche est basée sur deux arguments :

* Une différence majeure entre GaAsSbN et InGaAsN est que le premier ne comporte qu'un seul matériau du groupe III (le Galium), par conséquent, l'azote ne peut se lier qu'à cet élément, ce qui permet de penser que le taux d'incorporation d'azote pourrait être similaire à celui dans GaAsN.

* La comparaison des couches contraintes de InGaAs et GaAsSb sur substrat de GaAs, montre une similitude dans les énergies de gap obtenues ainsi et que dans la dépendance des paramètres de maille avec des compositions équivalentes de In et Sb dans le domaine (0 - 40%). Il a été démontré que des puits quantiques de InGaAs atteignent une émission ~1.1μm, tandis que des puis quantiques de GaAsSb peuvent atteindre 1.25μm. GaAsSb est alors plus proche de la gamme de longueurs d'onde ciblée (1.3 - 1.55μm) que InGaAs.

Les deux raisons mentionnées ci-dessus rendent l'alliage GaAsSbN sur substrat de GaAs très attractif pour l'émission pour les grandes longueurs d'onde.

Dans cette partie, nous nous proposons de participer à combler le grand manque d'informations relatives à ce matériau, telles que son indice complexe, ses énergies de transition et sa fonction diélectrique complexe, en utilisant la technique d'ellipsométrie spetroscopique.

II. A. Comparaison des effets de l'incorporation d'antimoine et d'azote :

II. A. 1. Etude à 70°:

II. A. 1. 1. Mesures Ellipsométriques:

Les mesures suivantes ont été effectuées à l'aide de l'ellipsomètre Jobin-Yvon au Femto-ST. L'échantillon de référence est le GaAs wafer mesuré par notre instrument dans la gamme 1.4 à 5 eV, à 70°, avec un pas de 5 meV.

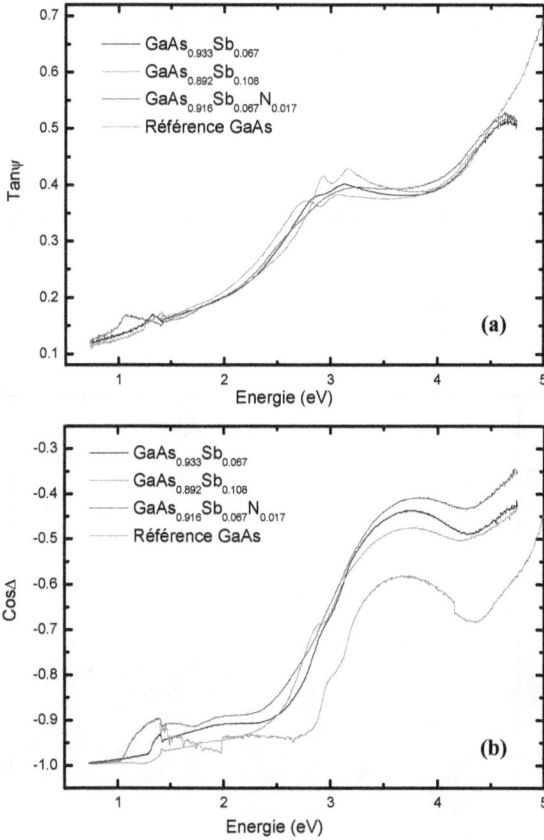

Figure V-11: *tanψ (a) et cosΔ (b) pour GaAs$_{1-x}$Sb$_x$ (x = 6.7% et 10.8 %), GaAs$_{0.916}$Sb$_{0.067}$N$_{0.017}$ et GaAs mesurés à 70°.*

Les figures V-11 (a) et (b) montrent les paramètres ellipsométriques *tanψ* et *cosΔ* mesurés pour les échantillons de $GaAs_{1-x}Sb_x$ (x = 6.7% et 10.8 %) et $GaAs_{0.916}Sb_{0.067}N_{0.017}$, à température ambiante, sous un angle d'incidence de 70° et dans la gamme spectrale 0.73 à 4.75 eV, avec un pas de 5 meV. L'échantillon $GaAs_{0.933}Sb_{0.067}N_{0.017}$ possède la même structure des couches et les mêmes épaisseurs que l'échantillon $GaAs_{1-x}Sb_x$ (x = 6.7% dans le chapitre I).

II. A. 1. 2. Résultats:

II. A. 1. 2. 1. Région de E_0:

La figure V-12 montre les paramètres ellipsométriques *tanψ* pour les échantillons GaAs, $GaAs_{1-x}Sb_x$ (x = 6.7% et 10.8 %) et $GaAs_{0.916}Sb_{0.067}N_{0.017}$, dans la gamme spectrale autour du gap fondamental E_0 de GaAs, c'est à dire de 0.73 à 1.97 eV. Il est important à noter que le gap de GaAs situé à 1.42 eV est clairement observé pour tous les échantillons sur les spectres de *tanψ*. Selon l'échantillon, les structures indiquées par des flèches relatives aux énergies de transition fondamentales (gap E_0) des alliages, situées au dessous de 1.42 eV, sont aussi bien résolues.

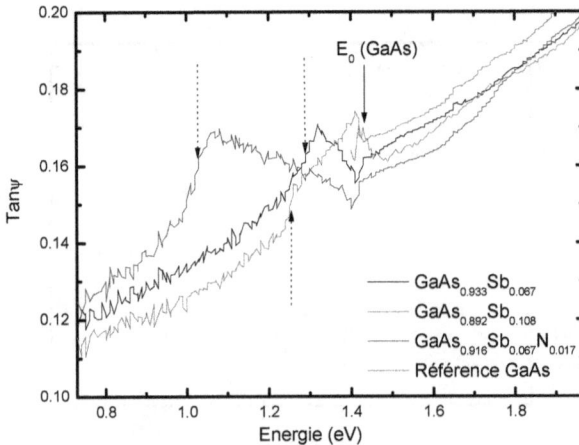

Figure V-12: *tanψ pour $GaAs_{1-x}Sb_x$ (x = 6.7% et 10.8 %), $GaAs_{0.916}Sb_{0.067}N_{0.017}$ et GaAs dans la région infra-rouge autour de E_0.*

Nous représentons sur la figure V-13 les énergies de transitions fondamentales obtenues d'après les mesures d'ellipsométrie (figure V-12). Pour les échantillons GaAs, GaAs$_{1-x}$Sb$_x$ (x = 6.7% et 10.8 %), les résultats sont en bon accord avec les dépendances quadratiques de E$_0$(x) dans les références [17] et [24]. Pour l'échantillon de GaAs$_{0.916}$Sb$_{0.067}$N$_{0.017}$, nous remarquons que, comparé à celui ne contenant pas d'azote GaAs$_{0.933}$Sb$_{0.067}$, dont l'énergie est située à 1.29 eV, l'introduction de seulement 1.7% d'azote a eu pour effet de diminuer la valeur du gap jusqu'à une valeur de 0.99 eV, ce qui constitue un décalage de 300 meV. Nous avons aussi indiqué le calcul relatif à l'incorporation de 1.7% dans GaAs$_{0.933}$Sb$_{0.067}$, en utilisant le modèle d'anticroisement de bandes (BAC) (Annexe 2). Le calcul donne une valeur supérieure à la valeur expérimentale obtenue par ellipsométrie. En effet, il est connu (Annexe 1) que dans une couche de GaAsN contenant 1% d'azote, la contrainte en tension introduite par l'azote diminue l'énergie du gap de 25 meV [37]. Cette contribution disparaît si la couche est relaxée. Pour cela, nous avons rajouté la valeur de gap corrigée par la contrainte.

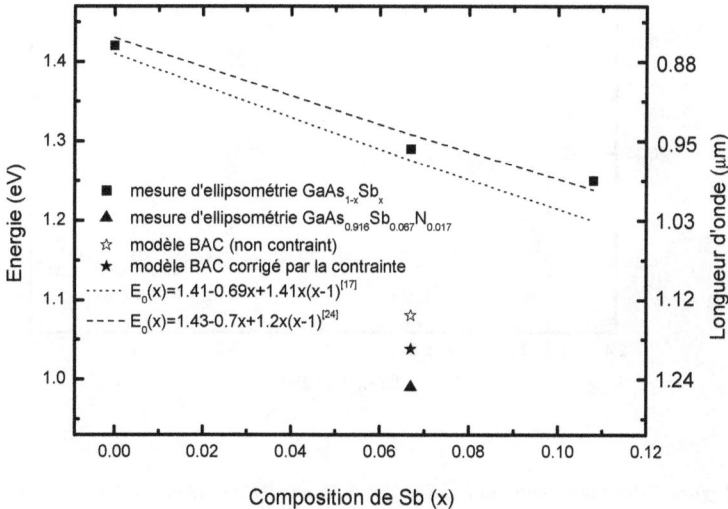

Figure V-13: *Energies de transition E$_0$(x) pour GaAs$_{1-x}$Sb$_x$ (x =0.0, 6.7 et 10.8 %), et celle de GaAs$_{0.916}$Sb$_{0.067}$N$_{0.017}$.*

II. A. 1. 2. 2. Région de E_1 et $E_1+\Delta_1$:

La figure V-14 montre les paramètres ellipsométriques *tanψ* pour les échantillons GaAs, GaAs$_{1-x}$Sb$_x$ (x = 6.7% et 10.8 %) et GaAs$_{0.916}$Sb$_{0.067}$N$_{0.017}$, dans la gamme spectrale autour de 3 eV, où ont lieu les énergies de transition E_1 et $E_1+\Delta_1$ de GaAs. Nous retrouvons le résultats du paragraphe I ; c'est à dire que l'incorporation de Sb dans GaAs a pour effet de diminuer les énergies de E_1 et $E_1+\Delta_1$ et de les élargir. Tandis que pour la composition d'antimoine de 6.7%, l'introduction de 1.7% d'azote (échantillon GaAs$_{0.916}$Sb$_{0.067}$N$_{0.017}$) induit des structures relatives à E_1 et $E_1+\Delta_1$ très élargies jusqu'à ne plus être résolues en plus de leur décalage vers les hautes énergies par rapport à l'échantillon dépourvu d'azote (en bleu). Cet effet est semblable à celui que nous avons observé dans les couches de GaAsN.

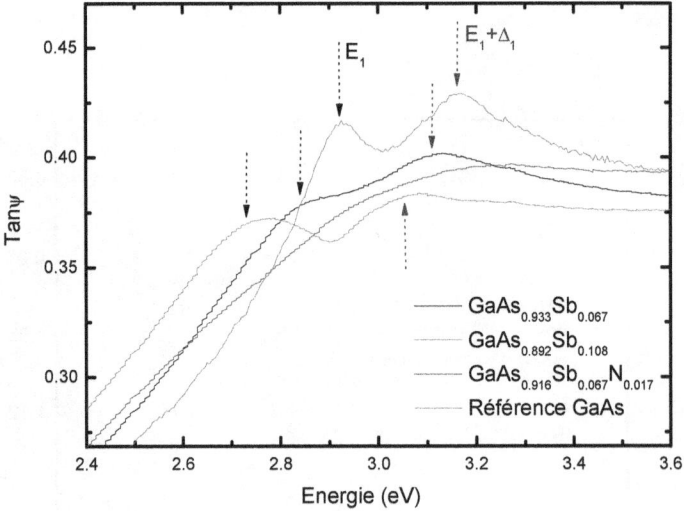

Figure V-14: *tanψ pour GaAs$_{1-x}$Sb$_x$ (x = 6.7% et 10.8 %), GaAs$_{0.916}$Sb$_{0.067}$N$_{0.017}$ et GaAs dans la région autour de 3eV.*

II. A. 2. Etude à différents angles d'incidence:

II. A. 2. 1. Mesures Ellipsométriques:

Les figures V-15 et V-16 montrent les paramètres ellipsométriques *tanψ* (a) et *cosΔ* (b) mesurés à température ambiante, respectivement pour les échantillons de $GaAs_{0.933-x}Sb_{0.067}N_x$ (x = 0.0 et 1.7 %), à 70°, 75° et 80°, dans la gamme spectrale 1.4 à 5.5 eV, avec un pas de 5 meV. Un traitement chimique, pendant une minute, dans une solution de NH_4OH est effectué sur les échantillons afin de réduire la couche d'oxyde à la surface.

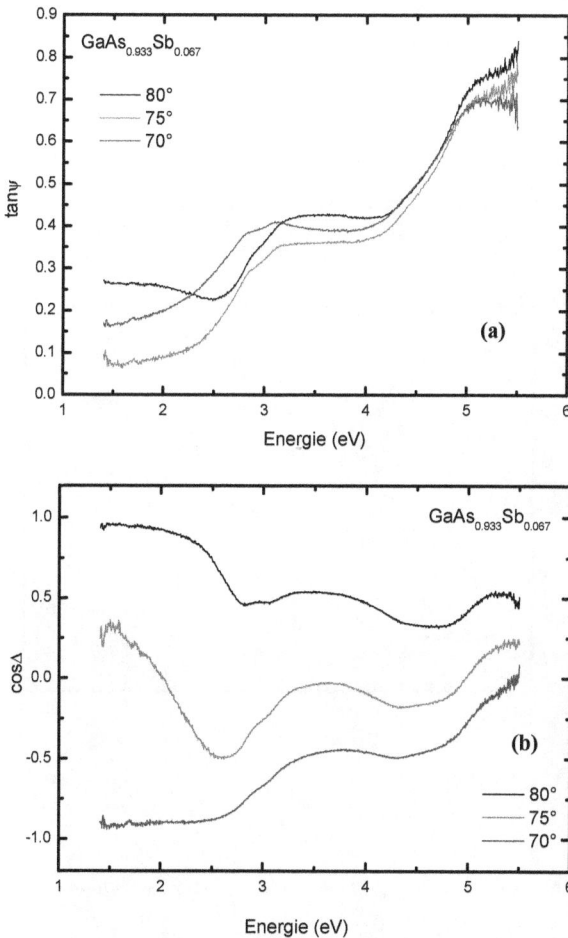

Figure V-15: *tanψ (a) et cosΔ (b) pour $GaAs_{0.933}Sb_{0.067}$ mesurés à 80, 75 et 70°.*

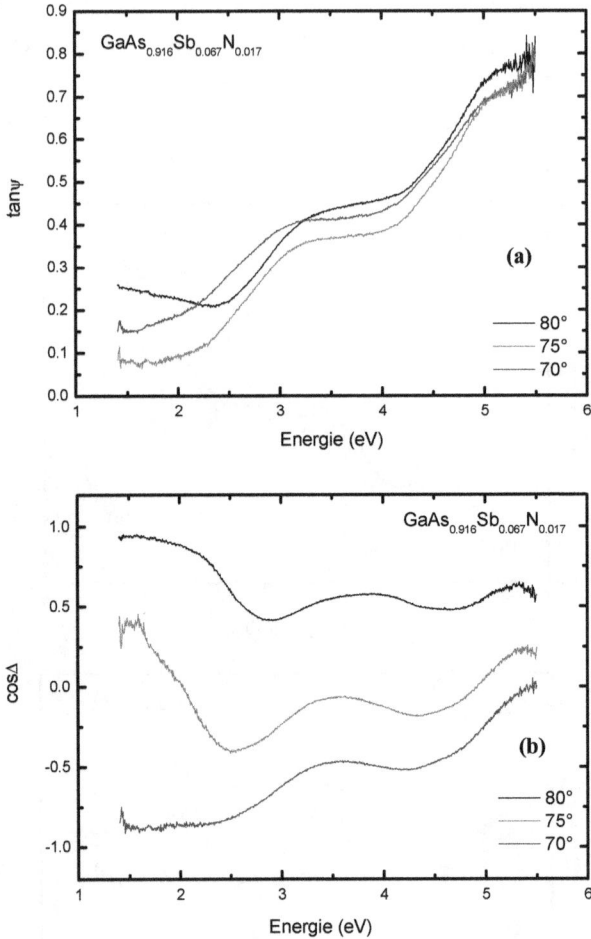

Figure V-16: *tanψ (a) et cosΔ (b) pour GaAs$_{0.916}$Sb$_{0.067}$N$_{0.017}$ mesurés à 80, 75 et 70°.*

II. A. 2. 2. Indice complexe:

La figure V-17 montre les indices de réfraction n (a) et les coefficients d'extinction k (b) en fonction de l'énergie pour les couches minces de $GaAs_{0.933-x}Sb_{0.067}N_x$ ($x = 0.0$ et 1.7 %), dans la gamme d'énergie de 1.4 à 5.5 eV. Les indices complexes ont été obtenus par la méthode décrite dans le chapitre III, c'est à dire que le modèle de couches utilisé est celui à 4 phases : (substrat de GaAs/couche active de $GaAs_{0.933-x}Sb_{0.067}N_x$/couche d'oxyde natif de GaAs/milieu ambiant). Nous avons supposé que l'oxyde natif de $GaAs_{0.933-x}Sb_{0.067}N_x$ est le même que celui de GaAs, cette approximation est raisonnable puisqu'il s'agit de faibles compositions d'azote ($x \leq 1.7$%) et d'antimoine ($x \leq 6.7$%). Les résultats obtenus pour les épaisseurs de chaque couche sont portés sur le tableau V-6. L'analyse des résultats dans les différents angles donne les mêmes indices, ce qui est bien vérifié, puisque l'indice est une propriété intrinsèque du matériau et ne dépend pas de l'angle d'incidence.

	$x = 0.0$%	$x = 1.7$%
oxide natif de GaAs	2.0 nm	2.0 nm
$GaAs_{0.933-x}Sb_{0.067}N_x$	0.0808 µm	0.0800 µm

Tableau V-6: *Epaisseurs obtenues des couches d'oxyde natif de GaAs et de $GaAs_{0.933-x}Sb_{0.067}N_x$ ($x = 0.0$% et 1.7%).*

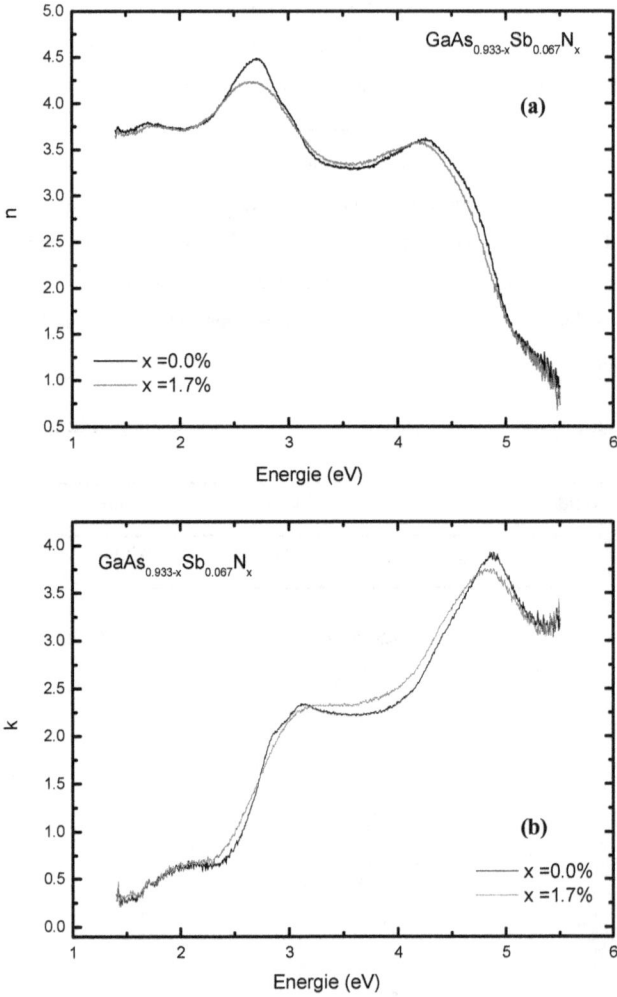

Figure V-17: *Indices de réfraction n (a) et coefficients d'extinction k (b) en fonction de l'énergie pour GaAs$_{0.933-x}$Sb$_{0.067}$N$_x$ (x = 0.0% et 1.7%).*

II. B. Etude de la série GaAs$_{0.9-x}$Sb$_{0.1}$N$_x$:

Extraits des Articles Publiés:

* **N. Ben Sedrine**, C. Bouhafs, J. C. Harmand, R. Chtourou, and V. Darakchieva, Applied Physics Letters, 97, 201903 (2010): *"Effect of nitrogen on the GaAs$_{0.9-x}$N$_x$Sb$_{0.1}$ dielectric function from the nir-infrared to the ultraviolet".*

* **N. Ben Sedrine**, C. Bouhafs, M. Schubert, J. C. Harmand, R. Chtourou, and V. Darakchieva, Thin Solid Films, 519, 2838 (2011): *"Optical Properties of GaAs$_{0.9-x}$N$_x$Sb$_{0.1}$ Alloy Films Studied by Spectroscopic Ellipsometry".*

II. B. 1. Mesures Ellipsométriques:

Les mesures suivantes ont été effectuées à l'aide de l'ellipsomètre Jobin-Yvon au Femto-ST. La figure V-18 montre les paramètres ellipsométriques *tanψ* (a) et *cosΔ* (b) mesurés pour les échantillons GaAs$_{0.9-x}$Sb$_{0.1}$N$_x$ (x = 0.0, 0.65, 1.06, 1.45 et 1.90 %), à température ambiante, sous un angle d'incidence de 70° et dans la gamme spectrale 0.73 à 4.75 eV, avec un pas de 5 meV.

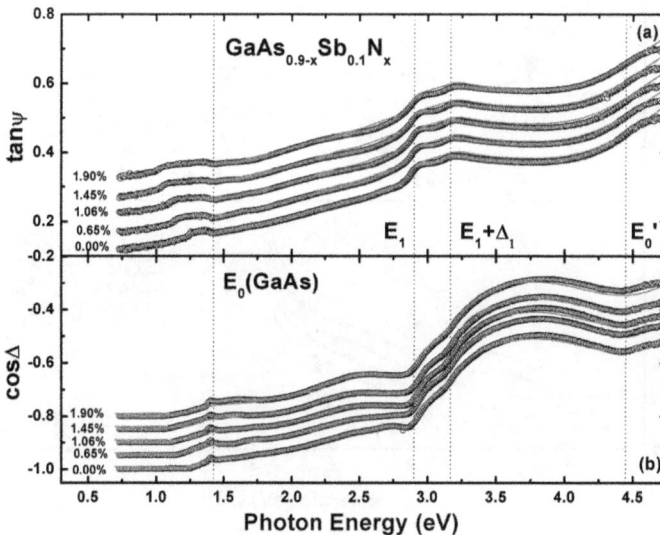

Figure V-18: *tanψ (a) et cosΔ (b) pour* GaAs$_{0.9-x}$Sb$_{0.1}$N$_x$ *(x = 0.0, 0.65, 1.06, 1.45 et 1.90 %), mesurés à 70°.*

II. B. 2. Résultats:

La figure V-19 montre une représentation de la fonction pseudo-diélectrique réelle (ε_1) et imaginaire (ε_2) des mesures ellipsométriques (points) ainsi que du meilleur fit (lignes en rouge) obtenu pour les échantillons $GaAs_{0.9-x}Sb_{0.1}N_x$ (x = 0.0, 0.65, 1.06, 1.45 et 1.90 %), dans la gamme spectrale de 0.73 à 4.75 eV. La fonction diélectrique de $GaAs_{0.9-x}N_xSb_{0.1}$ est déterminée à partir de l'analyse des mesures ellipsométriques en utilisant le modèle suivant: substrat GaAs / couche $GaAs_{0.9-x}N_xSb_{0.1}$ /GaAs caplayer/GaAs oxyde natif /ambiant. Le modèle de la fonction diélectrique d'Adachi (MDF) est employé pour la paramétrisation de la couche de $GaAs_{0.9-x}N_xSb_{0.1}$. Le MDF inclue toutes les transitions électroniques interbandes [38 bis]. Chaque transition (CP) est représentée par les paramètres suivants: énergie E, force d'oscillateur B_1, élargissement Γ. B_1^{ex} et G_1 sont respectivement la force et l'énergie de liaison des excitons ayant une allure Lorentzienne [39]. Nous avons trouvé que six transitions interbandes décrivent le mieux la fonction diélectrique de $GaAs_{0.9-x}N_xSb_{0.1}$ dans toute la gamme spectrale étudiée.

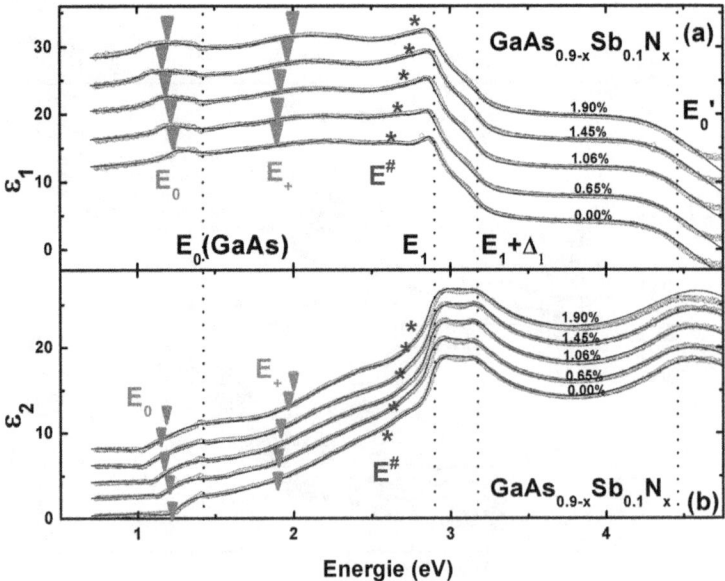

Figure V-19: *Fonctions pseudo-diélectriques réelle (ε_1) et imaginaire (ε_2) des mesures ellipsométriques (points) ainsi que le meilleur fit (lignes rouges) obtenu pour les échantillons $GaAs_{0.9-x}Sb_{0.1}N_x$ (x = 0.0, 0.65, 1.06, 1.45 et 1.90 %).*

Nous utilisons la même nomenclature des CPs pour l'alliage $GaAs_{0.9-x}N_xSb_{0.1}$ que pour le GaAs massif [40]. Ceci étant justifié par les faibles compositions de Sb et N, et de la grande similitude entre les spectres de $GaAs_{0.9-x}N_xSb_{0.1}$ et GaAs. Les positions d'énergie déterminées expérimentalement correspondant à l'énergie de gap E_0 de l'alliage $GaAs_{0.9-x}N_xSb_{0.1}$ sont indiquées par des flèches en dessous du gap de GaAs (ligne verticale) dans les figures V-19 et V-20. La position de l'énergie E_0 se déplace vers les basses énergies et s'élargie linéairement d'un facteur 2 (de 100 à 180 meV) en augmentant la composition d'azote. L'augmentation de l'élargissement en fonction de la composition d'azote correspond aux fluctuations de potentiel qui résulte d'un placement aléatoire des atomes d'azote N dans l'alliage.

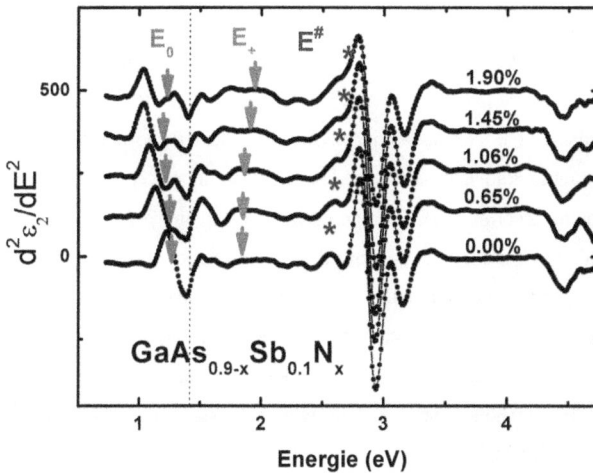

Figure V-20: *Dérivées secondes des fonctions pseudo-diélectriques imaginaires (ε_2) de $GaAs_{0.9-x}N_xSb_{0.1}$ (x = 0.00, 0.65, 1.06, 1.45 and 1.90 %). Les spectres des échantillons contenant de l'azote sont décalés pour plus de clarté.*

La gamme d'énergie autour du gap révèle des énergies de gap E_0 bien définies, cependant les transitions qui se produisent entre la bande de conduction et la bande de valence de spin-orbit ($E_0+\Delta_0$) ne sont pas visibles dans les spectres. Une autre structure spectrale (E_+) indiquée par une flèche (figure V-19) se produit en dessous de 2 eV, dont l'énergie augmente en augmentant la composition d'azote. La transition E_+ a déjà été observée pour les alliages GaAsN et GaInAsN par photoréflectance [41], électroréflectance [42] et ellipsométrie [43]. Un sixième point critique très proche de la transition E_1, noté $E^\#$ (indiqué par * sur les figures

V-19 et V-20), a été obtenu à partir de l'analyse de la fonction diélectrique de GaAs$_{0.9-x}$N$_x$Sb$_{0.1}$. Cette structure apparait autour de 2.7 eV, se décale vers les hautes énergies, dont l'amplitude semble augmenter en augmentant la composition d'azote. Ceci montre clairement que les mesures ellipsométriques sont assez sensibles pour donner des résultats qualitatifs et quantitatifs sur ces transitions en dessous et au-dessus du gap. En plus, du côté des hautes énergies, ont lieu les transitions E$_1$ et E$_1$+Δ_1 autour de 3 eV, et E$_0$' autour de 4.4 eV. Dans la figure V-20, les énergies de transition E$_0$, E$_+$, et E$^\#$ sont bien résolues (flèches), et l'effect de l'azote sur la force d'oscillateur de ces transitions est bien visible dans les dérivée secondes de la partie imaginaire de la fonction pseudo-diélectrique. Il est clairement visible que les positions d'énergie de E$_1$, E$_1$+Δ_1 et E$_0$' restent inchangées en augmentant la composition d'azote.

    Les énergies de transition déterminées expérimentalement sont représentées sur la figure V-21(a) en fonction de la composition d'azote et listées dans le tableau V-7. L'énergie E$_0$ diminue en augmentant la composition d'azote, cependant E$_+$ se décale vers les hautes énergies en augmentant la composition d'azote. Le décalage opposé et identique des énergies E$_0$ et E$_+$ en augmentant la composition d'azote permet de suggérer qu'il existe une répulsion entre les niveaux induite par l'azote, et qui contribue à la réduction observée du gap. Cet effet a été observé dans d'autres matériaux contenant de l'azote tels que: GaAsN et GaInAsN, et a été expliqué en utilisant le modèle d'anticroisement de bandes (BAC) [41]. Shan et *al.* ont montré qu'une interaction d'anticroisement entre les états localises azote avec les états étendus du semiconducteur hôte donne un splitting caractéristique de la bande de conduction en deux soubandes notées E'. (ou E'$_0$) et E'$_+$, données par l'expression:

$$E'_\pm(x) = \frac{1}{2}\left[(E^M + E^N) \pm \sqrt{(E^M - E^N)^2 + 4V^2.x}\right]$$

où E^M et E^N sont les énergies de la bande de conduction non perturbée (celle de GaAs$_{0.9}$Sb$_{0.1}$ dans notre cas) et le niveau azote par rapport au maximum de la bande de valence, respectivement. V est l'élément de matrice du terme décrivant l'interaction et l'hybridation entre les états localisés N et les états étendus. Le modèle BAC relatif à la bande de conduction donne un bon fit pour nos mesures ellipsométriques, pour les énergies de transitions E$_0$ et E$_+$, en utilisant E^N = 1.76 eV et V = 2.7 eV (figure V-21(a) pointillés). Il faut noter que nous n'avons pas considéré ici l'effet de contrainte. Cependant, le modèle BAC relatif à la bande de conduction ne peut pas expliquer la présence de la transition E$^\#$. La transition E$^\#$, qui a été observée pour la première fois ici pour GaAsSbN, nous a laissé penser qu'elle pourrait être relative à la forte interaction induite par l'azote sur le couplage intrabande Γ-L et sur le splitting de la bande de conduction au point L des états de GaAs en deux états, comme il a été établi théoriquement pour GaAsN par des calculs de premiers principes [44]. Cependant, en comparant la dépendance linéaire en fonction de l'azote pour les deux transitions E_+ et $E^\#$, nous avons trouvé que l'augmentation est la même pour les deux, et de l'ordre de 65 meV par %N (Tableau V-7).

Récemment, Alberi *et al.* [45] ont proposé un modèle BAC relatif à la bande de valence (VBAC) qui est capable d'expliquer le gap de GaAsSb ayant de fortes compositions de As. Par conséquent, l'addition de quelques pourcentages atomiques de Sb à GaAs résulte à une interaction d'anticroisement donnant lieu à une restructuration de la bande de valence. Les états obtenus (E_+^V, E_-^V, E_+^{so} et E_-^{so}) pour les trois bandes de valence à k = 0 (bandes des trous lourds, trous légers et spin orbit) ont une forme similaire au modèle BAC à deux bandes

[46] : $$E_\pm^{V/SO} = \frac{1}{2}\left[(E^{VB/SO} + E^{Sb}) \pm \sqrt{(E^{VB/SO} - E^{Sb})^2 + 4C_{Sb}^2 \cdot x_{Sb}}\right]$$

où E^{VB} et E^{Sb} sont les énergies de la bande de conduction non perturbées et le niveau d'antimoine par rapport au maximum de la bande de valence, respectivement. C_{Sb} est lélément de matrice du terme décrivant l'interaction et l'hybridation entre les états localisés Sb et les états étendus.

x (%)	Transition E_0 (eV)			Transition E_+ (eV)			Transition $E^\#$ (eV)	
	Analyze SE	Calcul CBAC	Calcul CBAC&VBAC	Analyze SE	Calcul CBAC	Calcul CBAC&VBAC	Analyze SE	Calcul CBAC&VBAC
0.00	1.237 (0.043)	1.246	1.345	1.891 (0.037)	1.760	1.760	2.624 (0.026)	2.504
0.65	1.224 (0.042)	1.166	1.252	1.871 (0.037)	1.839	1.959	2.688 (0.026)	2.563
1.06	1.182 (0.041)	1.125	1.205	1.914 (0.038)	1.881	2.019	2.714 (0.027)	2.596
1.45	1.166 (0.040)	1.089	1.167	1.973 (0.039)	1.917	2.067	2.727 (0.027)	2.626
1.90	1.230 (0.043)	1.051	1.126	2.004 (0.040)	1.955	2.113	2.741 (0.027)	2.658

Tableau V-7: *Energies de transition de GaAs$_{0.9-x}$N$_x$Sb$_{0.1}$ (x =0.0, 0.65, 1.06, 1.45 et 1.90 %) E$_0$, E$_+$ et E$^\#$ obtenues de l'analyse SE, calcul par le modèle CBAC, et calcul par la combinaison des deux modèles VBAC et CBAC. Les erreurs sont données entre parenthèses.*

Pour l'alliage GaAs$_{0.9-x}$N$_x$Sb$_{0.1}$, notre analyse a été basée sur la combinaison du modèle BAC relatif à la bande de conduction (CBAC) pour les alliages contenant de l'azote, et du modèle BAC relatif à la bande de valence (VBAC) pour les alliages contenant une faible teneur d'antimoine. Le double modèle BAC dans l'alliage GaAs$_{0.9-x}$N$_x$Sb$_{0.1}$ est illustré dans la figure V-21(b). A ce jour, le double modèle BAC n'a été vérifié expérimentalement que par des mesures d'absorption et dans la gamme d'énergie de 0.70 à 1.35 eV [46]. Dans la figure V-21(b), nous représentons les résultats de calcul en utilisant le double modèle BAC (pointillés) avec E_N = 1.76 eV, et les paramètres E_{Sb} et d'hybridation selon les références [46, 47]. Il est important à noter que le double modèle BAC permet de donner une explication possible quant à l'origine de la transition $E^{\#}$. Pour l'échantillon ne contenant pas d'azote (x = 0), nous avons trouvé que les transitions E_0 et E_+ pourraient résulter de la transition entre les états E_+^V et E_+^{so}, et du minimum de la bande de conduction (CBM), respectivement [figure V-21(b)]. Dans le même échantillon, la transition $E^{\#}$ pourrait résulter de la transition entre l'état E_-^V et le CBM. Il faut noter que pour les échantillons contenant de l'azote, les transitions E_0, E_+ et $E^{\#}$ mettent en jeu des états différents, d'après le splitting de la bande de conduction induit par l'azote [figure V-21(b)]. Dans ce cas, les transitions E_0, E_+ et $E^{\#}$ pourraient résulter des transitions de E_+^V à E'$_-$(x), de E_+^{so} à E'$_+$(x), et de E_-^V à E'$_+$(x), respectivement [figure V-21(b)], en se référant au double modèle BAC. Bien qu'une transition autour de 2.7 eV (notée E*) a été déjà observée pour GaAsN [47, 48], nous notons qu'elle possède une différente origine que nos alliages GaAs$_{0.9-x}$N$_x$Sb$_{0.1}$. Perkins *et al.* ont supposé que E* pourrait résulter de la transition entre la VB de GaAs et les états de BC induits par l'azote dans la limite d'alliage dilué, et à un nouveau état d'impureté azote résonnant avec la BC pour de plus grandes compositions d'azote.

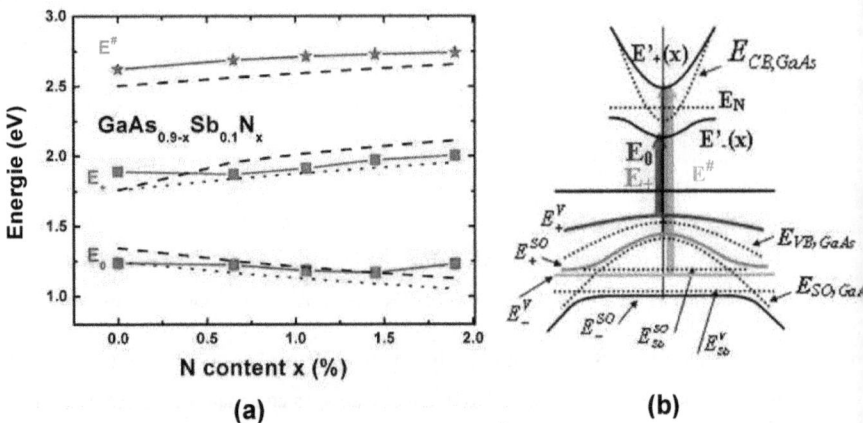

(a)   **(b)**

Figure V-21: (a) Energies de transition E_0, E_+, et $E^{\#}$ de GaAs$_{0.9-x}$N$_x$Sb$_{0.1}$ (symboles) en fonction de la composition d'azote, déterminées par l'analyse SE, calcul par le modèle CBAC (pointillés bleus), et calcul par la combinaison des deux modèles VBAC et CBAC (pointillés noirs). (b) Diagramme Schématique présentant la combinaison des modèles CBAC et VBAC et les transitions relatives.

Dans notre cas, un bon accord est observé entre les énergies de transition E_0 prédites par le double modèle BAC et les valeurs expérimentales obtenus de l'analyse ellipsométrique [figure V-21(a)]. D'un autre côté, les énergies de transition prédites de E_+ et $E^\#$ sont légèrement différentes des valeurs expérimentales, étant plus grandes (plus faible) pour E_+ ($E^\#$) [figure V-21(a)]. Une plus grande composition de Sb dans les films devrait en principe donner une explication possible pour ce léger désaccord. Cependant, l'augmentation (diminution) de 1% Sb décale de 16 meV pour E_+^V (E_-^V) et de 13 meV pour E_+^{so} (E_-^{so}) [46].

Par conséquent, ceci devrait être due à une sous estimation de la composition de Sb dans nos échantillons de 7% dans le but de bien faire correspondre les prédictions du double modèle BAC et nos résultats expérimentaux pour E_0 et $E^\#$. Mais cela dépasse de loin l'erreur dans la composition, qui est de 1%. D'un autre côté, il ne faut pas oublier que le modèle VBAC n'est valide que pour des concentrations diluées d'impuretés [46]. En effet, la valeur expérimentale de l'interaction de spin-orbit dans GaAsSb déterminée par réflectance photomodulée commence à dévier du modèle de VBAC à 10% Sb [46]. Il est intéressant de noter que cette déviation est de l'ordre de 100 meV, ce qui est très similaire à la différence que nous observons entre nos valeurs expérimentales de E_0 et $E^\#$ et les prédictions du modèle de VBAC. Par conséquent, nous pouvons spéculer que la différence observe entre nos résultats de SE et les prédictions double modèle BAC (CBAC et VBAC) sont reliées aux déviations dans la valeur de l'interaction de spin-orbit dans $GaAs_{0.9}Sb_{0.1}$ du VBAC.

Nous nous attendons que la dépendance des énergies de transition E_0, E_+, et $E^\#$ en fonction de la composition d'azote soit quadratique [figure V-22], comme dans d'autres alliages semiconducteurs III-V [49]:

$$E_{cj}(x) = A + B.x + C.x.(x-1)$$

où $A = E_{cj}(0)$, $B = E_{cj}(1) - E_{cj}(0)$, et C le paramètre de bowing (écart à la linéarité).

Les énergies de transition E_{cj} (E_0, E_+, et $E^\#$) ont été modélisées en utilisant l'algorithme de régression de Levenberg-Marquardt dans notre domaine de composition d'azote. Les meilleures dépendances quadratiques obtenues sont: $E_0(x) = 1.239 - 0.042.x - 0.022.x.(x-1)$, $E_+(x) = 1.884 + 0.024.x + 0.049.x.(x-1)$ et $E*(x) = 2.624 + 0.086.x + 0.028.x.(x-1)$ pour des compositions d'azote dans le domaine 0.0<x<1.9%.

L'énergie de transition E_0 correspondant à une composition nulle d'azote ($GaAs_{0.9}Sb_{0.1}$) est en bon accord avec la valeur déterminée à partir de mesures de photoréflectance [50] et d'absorption [46].

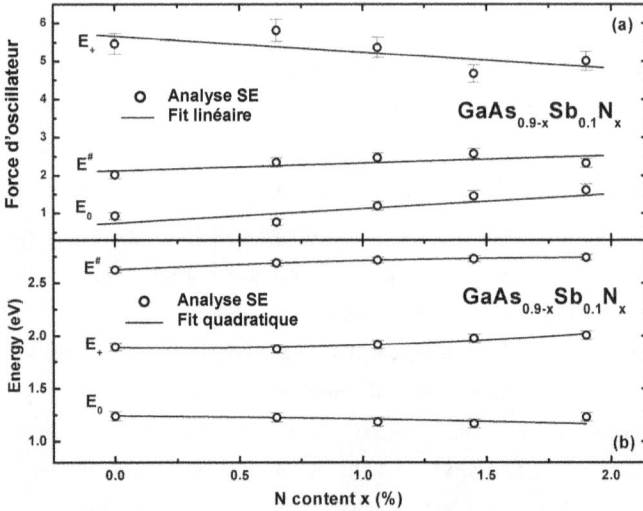

Figure V-22: **(a)** Forces d'oscillateur et **(b)** énergies des transitions E_0, E_+, $E^\#$ de GaAs$_{0.9-x}$N$_x$Sb$_{0.1}$ déterminées de l'analyse SE, en fonction de la composition d'azote.

Dans la figure V-22(a), nous représentons la force d'oscillateur des transitions obtenue à partir de l'analyse MDF en fonction de la composition d'azote. Il est intéressant de noter que les force d'oscillateur des transitions E_0 et $E^\#$ augmentent quasi-linéairement de 0.38 et 0.20 par %N, respectivement, montrant que ces structures deviennent de plus en plus prononcées et optiquement actives pour les échantillons contenant une plus grande composition d'azote. Cependant, la force d'oscillateur de la transition E_+ possède un comportement opposé, et diminue de 0.42 par %N.

La diminution de E_0 et l'augmentation de E_+ et $E^\#$, en augmentant la composition d'azote, sont plus claires quand les différences d'énergie E_+-E_0 et $E^\#$-E_0 sont représentées (figure V-23) en fonction de la diminution du gap $\delta E_0 = E_0(0) - E_0(x)$. Les symboles pleins représentent nos résultats pour E_+-E_0 et $E^\#$-E_0 pour GaAs$_{0.9-x}$N$_x$Sb$_{0.1}$. Pour comparer, nous avons aussi représenté les résultats pour E_+-E_0 pour GaAs$_{1-x}$N$_x$ ($x < 3\%$) et Ga$_{1-y}$In$_y$As$_{1-x}$N$_x$ (for $(x,y) = (1.3\%, 5\%)$, $(2.2\%, 8\%)$) obtenus par électroréflectance [42].

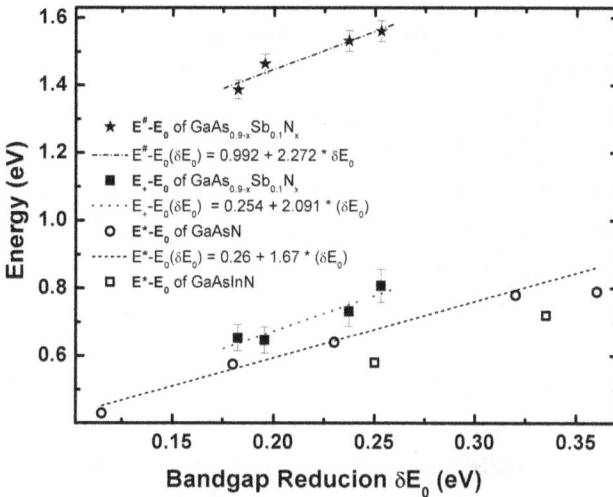

Figure V-23: *Différences d'énergie en fonction de la diminution de gap (δE_0): E_+-E_0, $E^{\#}$-E_0 pour $GaAs_{0.9-x}N_xSb_{0.1}$ (ce travail en symboles pleins) et E_+-E_0 pour GaAsN et GaInAsN ([42] symboles vides). Les lignes représentent le fit linéaire.*

Pour la différence d'énergie E_+-E_0, les alliages dilués azote montrent le même comportement en fonction de diminution du gap δE_0. Nous avons aussi représenté le fit linéaire des différences d'énergie de E_+-E_0 et $E^{\#}$-E_0 en fonction de δE_0. Pour E_+-E_0 relative à nos échantillons, la pente (2.09) est plus grande que celle de GaAsN (1.67) [42]. Ceci veut dire que le splitting de l'énergie E_+-E_0 augmente plus rapidement dans les alliages $GaAs_{0.9-x}N_xSb_{0.1}$ par rapport à $GaAs_{1-x}N_x$. En plus, un splitting E_+-E_0 égal (0.8 eV par exemple) pour $GaAs_{0.9-x}N_xSb_{0.1}$ et $GaAs_{1-x}N_x$, peut être atteint pour $GaAs_{0.9-x}N_xSb_{0.1}$ avec une plus faible composition d'azote que pour $GaAs_{1-x}N_x$. Ceci est un argument en plus en faveur de l'alliage quaternaire GaAsSbN comme un matériau de meilleure qualité pour les applications opto-électroniques pour les grandes longueurs d'ondes.

III. Conclusion:

Dans ce chapitre, nous avons présenté les résultats d'analyse ellipsométrique sur les couches minces de GaAs$_{1-x}$Sb$_x$ de composition d'antimoine variable et de GaAs$_{0.9-x}$Sb$_{0.1}$N$_x$ de composition d'azote variable.

Nous avons étudié en première partie l'effet de l'incorporation d'antimoine dans GaAs$_{1-x}$Sb$_x$ (x = 0.0%, 6.7% et 10.8%) dans la gamme d'énergie de 1.4 à 5.5 eV. Nous avons mis en évidence l'effet du traitement chimique, dans une solution de NH$_4$OH pendant une minute, sur l'épaisseur de la couche d'oxyde, et nous avons montré que celles-ci sont réduites à quelques dizaines d'Angstrom. Nous avons ensuite déterminé les indices complexes (indice de réfraction *n* et coefficient d'extinction *k*), dans la gamme d'énergie de 1.4 à 5.5 eV, obtenus à partir des mesures ellipsométriques en utilisant le modèle de couches à 4 phases: (substrat de GaAs/couche active de GaAs$_{1-x}$Sb$_x$/couche d'oxyde natif de GaAs/milieu ambiant). Nous avons trouvé que la fonction diélectrique de GaAs$_{1-x}$Sb$_x$ peut être représentée par le même modèle (SCP) que celui utilisé pour GaAs à la température ambiante. Cependant, un léger décalage vers les basses énergies est visible pour les énergies de transitions E$_1$, E$_1$+Δ$_1$, E$_0$' et E$_2$, dont l'amplitude dépend du point critique considéré. Nous avons montré par des calculs d'alliage et de contrainte due à l'incorporation de l'antimoine sur les énergies E$_1$, E$_1$+Δ$_1$, que la diminution de ces énergies est plus importante que la somme de ces deux effets. Les spectres de la fonction diélectrique montrent aussi une augmentation de l'élargissement des structures avec l'augmentation de la composition x d'antimoine. Nous avons trouvé qu'une augmentation plus importante des paramètres d'élargissement Γ_1 et Γ_0' par rapport à $\Gamma_{1\Delta}$ et Γ_2 peut être expliquée par le fait que les points critiques E$_1$ et E$_0$' soient plus affectés par le désordre induit par l'antimoine en comparaison avec E$_1$+Δ$_1$ et E$_2$.

Ensuite, en premier lieu, nous avons comparé les effets de l'incorporation d'antimoine et d'azote dans GaAs en se basant sur les échantillons suivants: GaAs$_{1-x}$Sb$_x$ (x = 6.7% et 10.8 %) et GaAs$_{0.916}$Sb$_{0.067}$N$_{0.017}$. Au voisinage du gap fondamental E$_0$ de GaAs, pour les couches de GaAs$_{1-x}$Sb$_x$ (x = 6.7% et 10.8 %), les résultats sont en bon accord avec les dépendances quadratiques E$_0$(x) étudiées en bibliographie. Cependant, pour l'échantillon de GaAs$_{0.916}$Sb$_{0.067}$N$_{0.017}$, nous remarquons que, comparé à celui ne contenant pas d'azote GaAs$_{0.933}$Sb$_{0.067}$, dont l'énergie E$_0$(x) est située à 1.29 eV, l'introduction de seulement 1.7% d'azote a eu pour effet de diminuer celle-ci de 300 meV. Autour de 3 eV, où ont lieu les transitions E$_1$ et E$_1$+Δ$_1$, alors que l'incorporation d'antimoine dans GaAs a pour effet de diminuer les énergies de E$_1$ et E$_1$+Δ$_1$ et de les élargir, l'introduction de 1.7% d'azote dans l'échantillon GaAs$_{0.933}$Sb$_{0.067}$ (échantillon GaAs$_{0.916}$Sb$_{0.067}$N$_{0.017}$), induit des structures relatives à E$_1$ et E$_1$+Δ_1 très élargies jusqu'à ne plus être résolues, en plus de leur décalage vers le bleu par rapport à l'échantillon dépourvu d'azote. Ce comportement de l'azote dans GaAsSb est semblable à celui que nous avons observé dans GaAsN. En second lieu, nous avons montré que l'analyse des mesures ellipsométriques enregistrées sous différents angles d'incidence (70, 75 et 80°) dans la gamme d'énergie de 1.4 à 5.5 eV, pour les échantillons GaAs$_{0.933}$Sb$_{0.067}$ et GaAs$_{0.916}$Sb$_{0.067}$N$_{0.017}$, donne les mêmes indices complexes (indice de réfraction n et coefficient d'extinction k) pour chaque angle, ce qui est bien logique puisque l'indice est une propriété intrinsèque du matériau et ne dépend pas de l'angle d'incidence.

Enfin, nous avons étudié l'effet de l'introduction d'azote dans GaAs$_{0.9-x}$Sb$_{0.1}$N$_x$ (x = 0.00 %, 0.65 %, 1.06 %, 1.45 % et 1.90 %) dont la composition d'antimoine est constante 10%, autour du gap E$_0$, puis sur une plus large gamme spectrale. Nous avons établi l'effet de l'incorporation d'azote sur la fonction diélectrique de l'alliage GaAs$_{0.9-x}$N$_x$Sb$_{0.1}$, avec x = 0.00, 0.65, 1.06, 1.45 et 1.90 %, dans la gamme d'énergie de 0.73 à 4.75 eV. En plus des transitions intrinsèques de GaAs (E$_1$, E$_1$+Δ_1 and E$_0$'), des transitions optiques (E$_0$, E$_+$ et E$^\#$) induites par l'incorporation d'azote ont été identifiées et leurs dépendances en composition d'azote ont été déterminées. Nous proposons une interprétation quant à l'origine des transitions E$_0$, E$_+$ et E$^\#$, qui peuvent être expliquées par le modèle BAC, qui consiste en la combinaison des modèles : du modèle BAC relatif à la bande de conduction (CBAC) pour les alliages contenant de l'azote, et du modèle BAC relatif à la bande de valence (VBAC) pour les alliages contenant une faible teneur d'antimoine. Nous avons aussi montré qu'une plus faible composition d'azote peut donner une même énergie de splitting E$_+$-E$_0$ pour GaAs$_{0.9-x}$N$_x$Sb$_{0.1}$ comparé à GaAs$_{1-x}$N$_x$. Ceci est un argument en plus en faveur de l'alliage quaternaire GaAsSbN comme un matériau de meilleure qualité pour les applications opto-électroniques pour les grandes longueurs d'ondes.

Références

[1] F. Quochi, D. C. Kilper, J. E. Cunningham, M. Dinu and J. Shah, IEEE Photon. Tehnol. Lett. 13 (2001) 921.

[2] Y. Kawamura, T. Higashino, M. Fujimoto, M. Amano, T. Yokoyama and N. Inoue, Jpn. J. Appl. Phys. 41 (2002) 1012.

[3] K. G. Merkel, C. L. A. Cerny, V. M. Bright, F. L. Schuermeyer, T. P. Monahan, R. T. Lareau, R. Kaspi, and A. K. Rai, Solid–State Electron. 39, 179 (1996).

[4] F. Genty, G. Almuneau, L. Chusseau, G. Boissier, J.-P. Malzac, P. Salet, and J. Jacquet, Electron. Lett. 33, 140 (1997).

[5] R. E. Nahory and M. A. Pollack, Appl. Phys. Lett. 27, 562 (1975).

[6] Y. Kawamura, T. Higashino, M. Fujimoto, M. Amano, T. Yokoyama and N. Inoue, Jpn J. Appl. Phys. 41 (2002) 4515.

[7] J. Hu, X. G. Xu, J. A. H. Stotz, S. P. Watkins, A. E. Cruzon, M. L. W. Thewalt, N. Matine and C. R. Bolognesi, Appl. Phys. Lett. 73 (1998) 2799.

[8] R. Lukic-Zrnic, B. P. Gorman, R. J. Cottier, T. D. Golding and C. L. Litter, J. Appl. Phys. 92 (2002) 6939.

[9] T. Anan, K. Nishi, S. Sugou, M. Yamada, K. Tokutome, and A. Gomyo, Electron. Lett. 34, 2127 (1998).

[10] F. Nishino, T. Takei, A. Kato, Y. Jinbo, and N. Uchitomi, Jpn. J. Appl. Phys. 44, 705 (2005).

[11] A. Aardvark, N. J. Mason, and P. J. Walker, Prog. Cryst. Growth Charact. Mater. 35, 207 (1997), and references therein.

[12] A. Bosacchi, S. Franchi, P. Allegri, V. Avanzini, A. Baraldi, R. Magnanini, M. Berti, D. De Salvador, and S. K. Sinha, J. Cryst. Growth 201/202, 858 (1999).

[13] J. Klem, D. Huang, H. Morkoc,, Y. E. Ihm, and N. Otsuka, Appl. Phys. Lett. 50, 1364 (1987).

[14] D. Huang, J. Chyi, J. Klem, and H. Morkoc,, J. Appl. Phys. 63, 5859 (1988).

[15] P. W. Yu, C. E. Stutz, M. O. Manasreh, R. Kaspi, and M. A. Capano, J. Appl. Phys. 76, 504 (1994), and references therein.

[16] T. C. McGlinn, T. N. Krabach, M. V. Klein, G. Bajor, J. E. Greene, B. Kramer, S. A. Barnett, A. Lastras, and S. Gorbatkin, Phys. Rev. B 33, 8396 (1986).

[17] R. Ferrini, M. Geddo, G. Guizzetti, M. Patrini, S. Franchi, C. Bocchi, F. Germini, A. Baraldi, and R. Magnanini, J. Appl. Phys. 86, 4706 (1999).

[18] D. Serries, M. Peter, N. Herres, K. Winkler, and J. Wagner, J. Appl. Phys. 87, 8522 (2000).

[19] N. Ben Sedrine, T. Gharbi, J. C. Harmand, and R. Chtourou. Physica Status Solidi (a) 205, No.4, 833-836 (2008).

[20] D. E. Palik, Handbook of optical constants of solids, (Academic Press, 1985).

[21] J. Humlicek, M. Garriga, M. I. Alonso, and M. Cardona, J. Appl. Phys. 65, 2827 (1989).

[22] P. Lautenschlager, M. Garriga, S. Logothetidis, and M. Cardona, Phys. Rev. B 35, 9174 (1987).

[23] G. Thompson and J. C. Woolley, Can. J. Phys. 45,255 (1967).

[24] R. E. Nahory, M. A. Pollack, J. C. DeWinter, and K. M. Williams, J. Appl. Phys. 48, 1607 (1977).

[25] S. M. Kelso, D. E. Aspnes, M. A. Pollack, R. E. Nahory, Phys. Rev. B, 26, 12, 6669 (1982).

[26] M. Muñoz, K. Wie, F. H. Pollak, J. L. Freeouf, G.W. Charache, Phys. Rev. B 60, 11, 8105 (1999).

[27] Handbook of Condensed Matter and Materials Data, Springer, (2005).

[28] F. Bousbih, S. Ben Bouzid, R. Chtourou, F. F. Charfi, J. C. Harmand, and G. Ungaro, Mat. Sci. Eng. C, 21, 251 (2002).

[28 bis] I. Vurgaftman and J. R. Meyer, J. Appl. Phys. , 89, 11, 5815 (2001).

[28bis'] C. Priester, G. Alla, and M. Lannoo, Phys. Rev. B, 37, 14, 8519 (1988).

[29] C. S. Cook, S. Zollner, M. R. Bauer, P. Aella, J. Kouvetakis, and J. Menendez, Thin Solid Films 455-456, 217 (2004).

[30] M. Kondow, S. Nakatsuka, T. Kitatani, Y. Yazawa, and M. Okai, IEEE Photonics Tehnol. Lett., 10 (4), 487 (1998).

[31] D. J. Freidman, J. F. Geisz, S. R. Kurtz, and J. M. Olson, J. Cryst. Growth, 195, 409 (1998).

[32] Gokhale, J. K. Wei, H. Wang, and S. R. Forrest, 1999, Appl. Phys. Lett., 74, (9), 1287 (1999).

[33] S. Nakatsuka, M. Kondow, T. Kitatani, Y. Yazawa, and M. Okai, J. Appl. Phys., 37, 1380 (1998).

[34] H. Saito, T. Makimoto, and N. Kobayashi, J. Cryst. Growth, 195, 416 (1998).

[35] D. J. Freidman, J. F. Geisz, S. R. Kurtz, and J. M. Olson, J. Cryst. Growth, 195, 438 (1998).

[36] G. Ungaro, G. Le Roux, R. Teissier, and J. C. Harmand, Electronic. Lett., 15, (15) 1246 (1999).

[37] R. Chtourou, F. Bousbih, S. Ben Bouzid and F. F. Charfi, Appl. Phys. Lett., 80, 2075 (2002).

[38] J. C. Harmand, A. Caliman, E. V. K. Rao, L. Largeau, J. Ramos, R. Teissier, L. Travers, G. Ungaro, B. Theys, and I. F. L. Dias, Semicond. Sci. Technol., 17, 778 (2002).

[38bis] S. Adachi, Phys. Rev. B, 35, 7454 (1987).

[39] T. Kawashima, H. Yoshikawa, S. Adachi, S. Fuke, and K. Ohtsuka, J. Appl. Phys. 82 (7), 3528 (1997).

[40] P. Lautenschlager, M. Garriga, S. Logothetidis, and M. Cardona, Phys. Rev. B 35, 9174 (1987).

[41] W. Shan, W. Walukiewicz, J. W. Ager III, E. E. Haller, J. F. Geisz, D. J. Friedman, J. M. Olson, and Sarah R. Kurtz J. Appl. Phys. 86, 4, 2349 (1999).

[42] J. D. Perkins, A. Mascarenhas, Yong Zhang, J. F. Geisz, D. J. Friedman, J. M. Olson, and Sarah R. Kurtz, Phys. Rev. Lett. 82, 16, 3312 (1999).

[43] V. Timoshevskii, M. Côté, G. Gilbert, R. Leonelli, S. Turcotte, J.-N. Beaudry, P. Desjardins, S. Larouche, L. Martinu, and R. A. Masut, Phys. Rev. B 74, 165120 (2006).

[44] L.-W. Wang, Appl. Phys. Lett. 78, 1565 (2001).

[45] K. Alberi, J. Wu, W. Walukiewicz, K. M. Yu, O. D. Dubon, S. P. Watkins, C. X. Wang, X. Liu, Y. J. Cho, and J. Furdyna, Phys. Rev. B 75, 045203 (2007).

[46] Yan-Ting Lin, Ta-Chun Ma, Tsung-Yi Chen, and Hao-Hsiung Lin, Appl. Phys. Lett. 93, 171914 (2008).

[47] J. D. Perkins, A. Mascarenhas, J. F. Geisz, and D. J. Friedman, Phys. Rev. B 64, 121301 (2001).

[48] U. Tisch, E. Finkman, and J. Salzman, Phys. Rev. B, 65, 153204 (2002).

[49] G. Thompson and J. C. Woolley, Can. J. Phys. 45, (1967) 255.

[50] R. Ferrini, M. Geddo, G. Guizzetti, M. Patrini, S. Franchi, C. Bocchi, F. Germini, A. Baraldi, and R. Magnanini, J. Appl. Phys. 86, (1999) 4706.

Conclusion Générale

Ce travail porte principalement sur l'étude optique par la technique d'ellipsométrie spectroscopique des alliages semiconducteurs: GaAsN, GaAsSb et GaAsSbN.

Au début de cette thèse, nous avons commencé par effectuer les calibrations de l'instrument ainsi que la mesure des échantillons de référence, puis par déterminer les meilleures conditions expérimentales (choix de l'angle d'incidence, de la gamme spectrale…) en se référant au matériau de GaAs largement étudié. Nous avons montré que parmi tous les modèles utilisés, le modèle standard des points critiques (SCP) nous a permis d'avoir des résultats relatifs à la fonction diélectrique ainsi qu'aux énergies de transition comparables à la bibliographie. Une fois que les conditions de mesure, la méthode d'analyse ellipsométrique ainsi que la procédure de modélisation que nous avons adoptées ont été jugées adéquates et précises, nous avons pu les utiliser par la suite pour l'étude des échantillons d'alliage à base de GaAs. Nous avons constaté que l'introduction d'un faible taux d'azote ou d'antimoine dans la matrice de GaAs, n'a pas une grande influence sur la forme des courbes de la fonction diélectrique, ce qui nous a permis d'adopter les mêmes notations pour les énergies de transition que dans GaAs dans les différentes directions cristallographiques notées E_0, E_1, $E_1+\Delta_1$, E_0' et E_2. Ceci est aussi valable pour le modèle de la fonction diélectrique utilisé, à savoir le modèle standard des points critiques (SCP). L'ajustement de la fonction diélectrique expérimentale au modèle standard des points critiques (SCP) à l'aide de l'algorithme de Levenberg-Marquardt nous a permis d'obtenir les paramètres (A_j, E_{cj}, Γ_j et ϕ_j) des points critiques de manière précise.

Nous avons étudié en première partie l'effet de l'incorporation d'azote dans $GaAs_{1-x}N_x$ (x = 0.0%, 0.1%, 0.5% et 1.5 %) autour de 3 eV où ont lieu les transitions E_1 et $E_1+\Delta_1$. Nous avons constaté que l'augmentation de la composition x d'azote a introduit, dans les spectres de la partie imaginaire de la fonction pseudodiélectrique, un léger décalage vers les hautes énergies pour les énergies de transitions E_1 et $E_1+\Delta_1$, ainsi qu'une augmentation de l'élargissement des deux structures. Ce résultat a été confirmé par l'étude de la dérivée seconde de la partie imaginaire de la fonction pseudo-diélectrique $d^2\varepsilon_i(E)/dE^2$. En effet les paramètres d'énergie E_1 et $E_1+\Delta_1$, obtenus en utilisant le modèle SCP, montrent une augmentation linéaire avec la composition x d'azote, qui a été expliquée par la somme de deux effets: l'effet d'alliage et l'effet de contrainte. Les paramètres d'élargissement Γ_1 et Γ_{Δ_1}, correspondant à ces énergies, présentent aussi une augmentation avec la composition d'azote, dont le comportement a pu être modélisé par une racine carrée. Cette augmentation peut être attribuée soit aux défauts ou aux désordres de composition dans les alliages $GaAs_{1-x}N_x$, soit à une perturbation de la structure de bandes qui résulte du dopage du à l'azote.

L'étude de l'effet de traitement thermique (recuit à une température de 680°C pour 90 secondes) sur la même série d'échantillons de $GaAs_{1-x}N_x$ a permis en premier lieu, de déterminer avec précision les indices complexes dans la gamme d'énergie de 1.5 à 5.5 eV. Nous avons constaté que le recuit semble plus affecter les couches de $GaAs_{1-x}N_x$ de compositions élevées, donnant lieu à des valeurs d'indices complexes proches de celles de ceux de $GaAs_{1-x}N_x$ dilué (compositions < 1% d'azote). Puis, une étude plus approfondie de la fonction diélectrique à l'aide du modèle SCP, a montré que le recuit affecte faiblement les énergies $E_1+\Delta_1$, E_0' et E_2, mais notablement l'énergie de transition E_1. En effet, une diminution de la dépendance en azote suite au recuit est nettement observée, dont la pente a varié de 2.6 eV à 1.5 eV respectivement pour les échantillons non recuits et recuits. Nous avons expliqué cette diminution après recuit par la réduction de l'effet d'alliage, suite à une réorganisation des atomes d'azote dans la matrice de GaAs et à une homogénéisation de la couche de $GaAs_{1-x}N_x$.

Le traitement chimique, en particulier des couches de $GaAs_{1-x}Sb_x$, dans une solution de NH_4OH pendant une minute, nous a permis de réduire l'épaisseur de la couche d'oxyde présente à la surface de ces échantillons de quelques dizaines d'Angstrom. Le modèle de couches à 4 phases utilisé avec les mesures ellipsométriques nous a permis d'extraire avec précision les indices complexes de l'alliage $GaAs_{1-x}Sb_x$ (x = 0.0%, 6.7% et 10.8%) dans la gamme d'énergie de 1.4 à 5.5 eV. Au voisinage du gap fondamental E_0 de GaAs, les résultats ellipsométriques trouvés sont en bon accord avec les dépendances quadratiques $E_0(x)$ en bibliographie. Comme le cas de l'alliage de GaAsN, nous avons constaté que l'augmentation de la composition x d'antimoine a introduit, dans les spectres de la partie imaginaire de la fonction diélectrique, un léger décalage des énergies de transitions, ainsi qu'une augmentation de l'élargissement des structures. Cependant, un léger décalage vers les basses énergies est visible pour les énergies de transitions E_1, $E_1+\Delta_1$, E_0' et E_2, dont l'amplitude dépend du point critique considéré. Nous avons montré par des calculs d'alliage et de contrainte due à l'incorporation de l'antimoine sur les énergies E_1, $E_1+\Delta_1$, que la diminution de ces énergies est plus importante que la somme de ces deux effets.

Ensuite, nous avons effectué la comparaison des effets de l'incorporation d'antimoine et d'azote dans GaAs sur les échantillons suivants: $GaAs_{1-x}Sb_x$ (x = 6.7% et 10.8 %) et $GaAs_{0.916}Sb_{0.067}N_{0.017}$. Au voisinage du gap fondamental E_0 de GaAs, pour les couches de $GaAs_{1-x}Sb_x$ (x = 6.7% et 10.8 %), les résultats trouvés sont en bon accord avec les dépendances quadratiques $E_0(x)$ étudiées en bibliographie. Cependant, pour l'échantillon de $GaAs_{0.916}Sb_{0.067}N_{0.017}$, nous remarquons que, comparé à celui ne contenant pas d'azote $GaAs_{0.933}Sb_{0.067}$, dont l'énergie $E_0(x)$ est située à 1.29 eV, l'introduction de seulement 1.7% d'azote a eu pour effet de la diminuer de 300 meV. Autour de 3 eV, où ont lieu les transitions E_1 et $E_1+\Delta_1$, alors que l'incorporation d'antimoine dans GaAs a pour effet de diminuer les énergies de E_1 et $E_1+\Delta_1$ et de les élargir, l'introduction de 1.7% d'azote dans l'échantillon $GaAs_{0.933}Sb_{0.067}$ (échantillon $GaAs_{0.916}Sb_{0.067}N_{0.017}$), induit des structures relatives à E_1 et $E_1+\Delta_1$ très élargies jusqu'à ne plus être résolues. En plus, celles-ci sont décalées vers les hautes énergies par rapport à l'échantillon dépourvu d'azote. Ce comportement de l'azote dans GaAsSb est semblable à celui que nous avons observé dans les couches de GaAsN.

Nous avons montré ensuite que l'analyse des mesures ellipsométriques enregistrées sous différents angles d'incidence (70, 75 et 80°) dans la gamme d'énergie de 1.4 à 5.5 eV, pour les échantillons $GaAs_{0.933}Sb_{0.067}$ et $GaAs_{0.916}Sb_{0.067}N_{0.017}$, donne les mêmes indices complexes (indice de réfraction n et coefficient d'extinction k) pour chaque angle, ce qui est bien logique puisque l'indice est une propriété intrinsèque du matériau et ne dépend pas de l'angle d'incidence.

Enfin, nous avons étudié l'effet de l'introduction d'azote dans $GaAs_{0.9-x}Sb_{0.1}N_x$ (x = 0.00 %, 0.65 %, 1.06 %, 1.45 % et 1.90 %) dont la composition d'antimoine est constante 10%, autour du gap E_0, puis sur une plus large gamme spectrale. Nous avons établi l'effet de l'incorporation d'azote sur la fonction diélectrique de l'alliage $GaAs_{0.9-x}N_xSb_{0.1}$, avec x =

0.00, 0.65, 1.06, 1.45 et 1.90 %, dans la gamme d'énergie de 0.73 à 4.75 eV. En plus des transitions intrinsèques de GaAs (E_1, $E_1+\Delta_1$ and E_0'), des transitions optiques (E_0, E_+ et $E^{\#}$) induites par l'incorporation d'azote ont été identifiées et leurs dépendances en composition d'azote ont été déterminées. Nous proposons une interprétation quant à l'origine des transitions E_0, E_+ et $E^{\#}$, qui peuvent être expliquées par le modèle BAC, qui consiste en la combinaison des modèles : du modèle BAC relatif à la bande de conduction (CBAC) pour les alliages contenant de l'azote, et du modèle BAC relatif à la bande de valence (VBAC) pour les alliages contenant une faible teneur d'antimoine. Nous avons aussi montré qu'une plus faible composition d'azote peut donner une même énergie de splitting E_+-E_0 pour $GaAs_{0.9-x}N_xSb_{0.1}$ comparé à $GaAs_{1-x}N_x$. Ceci est un argument en plus en faveur de l'alliage quaternaire GaAsSbN comme un matériau de meilleure qualité pour les applications opto-électroniques pour les grandes longueurs d'ondes.

Annexe 1:

Origine des angles ellipsométriques

Le terme « ellipsométrie » décrit l'analyse de la polarisation devenue elliptique après réflexion sur l'échantillon. En effet, la trajectoire de l'extrémité du champs électrique représente une ellipse.

Supposons que le champ électrique polarisé linéairement dont la direction fait un angle de 45° avec l'axe principal du polariseur, et se propageant selon l'axe des z, κ étant le vecteur d'onde ;

$$E_{ip}(t,z) = A.e^{i(\omega t - \kappa.z)}$$

$$E_{is}(t,z) = A.e^{i(\omega t - \kappa.z)}$$

Après réflexion sur l'échantillon,

$$E_{rp}(t,z) = r_p.A.e^{i(\omega t - \kappa.z)} = |r_p|.A.e^{i(\omega t - \kappa.z + \delta_p)}$$

$$E_{rs}(t,z) = r_s.A.e^{i(\omega t - \kappa.z)} = |r_s|.A.e^{i(\omega t - \kappa.z + \delta_s)}$$

Dans le plan d'onde d'équation z = 0, les composantes cartésiennes de $\vec{E}$ s'écrivent :

$$E_{rp}(t) = |r_p|.A.\cos(\omega t + \delta_p)$$

$$E_{rs}(t) = |r_s|.A.\cos(\omega t + \delta_s)$$

Cherchons l'équation de la trajectoire de l'extrémité du vecteur E de composantes $E_{rp}(t)$ et $E_{rs}(t)$ dans le plan d'onde z = 0.

En éliminant le temps entre $E_{rp}(t)$ et $E_{rs}(t)$, nous obtenons :

$$\frac{E_{rp}^{2}}{(|r_p|.A)^2} + \frac{E_{rs}^{2}}{(|r_s|.A)^2} - \frac{2.\cos(\Delta).E_{rp}.E_{rs}}{(|r_p|.A).(|r_s|.A)} = \sin^2(\Delta) \text{, avec } \Delta = \delta_p - \delta_s$$

C'est l'équation d'une ellipse inscrite dans un rectangle de côtés $|r_p|.A$ et $|r_s|.A$.

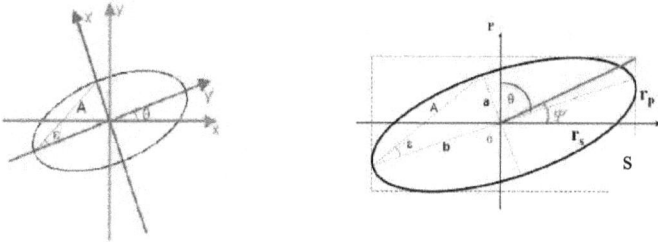

En considérant un nouveau repère faisant un angle θ avec l'axe du polariseur, nous obtenons

l'équation :
$$\frac{E_{rp}'^{2}}{(a)^2} + \frac{E_{rs}'^{2}}{(b)^2} = 1$$

a et b sont les demi-grands axes de l'ellipse.

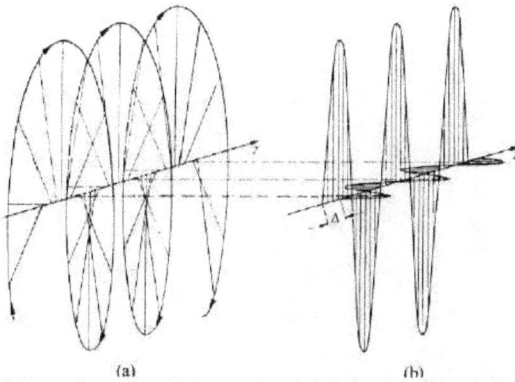

Figure A1-1 : *Lumière polarisée elliptiquement (a) et décomposition (b) de la lumière polarisée elliptiquement en 2 ondes planes perpendiculaires polarisées P et S avec un déphasage Δ* [1].

L'ellipticité est donnée par ε telle que : $\tan \varepsilon = \dfrac{a}{b}$, ε est reliée à ψ par :

$$\tan 2\psi = \frac{2 \cdot \dfrac{|r_p|}{|r_s|}}{1 - \dfrac{|r_p|^2}{|r_s|^2}}$$

Et l'angle de rotation θ (entre le grand axe et l'axe de polarisation) est relié à Δ par :

$$\tan 2\theta = \tan 2\psi \cos \Delta$$

Références

[1] R. W. Pohl, Optik und Atomphysik, Springer-Verlag, Berlin, 1958.

Annexe 2

Modèle d'anticroisement de bandes (BAC) et Effet de la contrainte due à l'azote sur E_0

I. Modèle d'anticroisement de bandes (BAC) :

Pour expliquer la dépendance de l'énergie de gap en fonction de la composition d'azote (x), nous avons utilisé le modèle d'anticroisement de bandes (BAC) [1, 2]. Ce modèle suppose que les atomes d'azote substitués aux éléments du groupe V sont distribués de manière aléatoire dans le réseau cristallin et ne sont couplés qu'aux états étendus de GaAs. Cette interaction induit à la formation de deux sous-bandes de conduction, dont les énergies inférieure et supérieure, E_- et E_+, sont données respectivement par :

$$E_-(x) = \frac{1}{2}\left[(E_0 + E^N) - \sqrt{(E_0 - E^N)^2 + 4V^2.x}\right]$$

$$E_+(x) = \frac{1}{2}\left[(E_0 + E^N) + \sqrt{(E_0 - E^N)^2 + 4V^2.x}\right]$$

où $E^N = 1.67$ eV : énergie de l'état localisé azote, indépendant de la température.

et $V = 2.7$: constante de couplage recommandée par Shan *et al* [1].

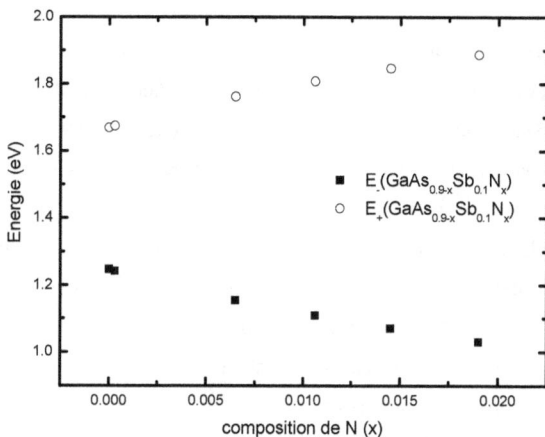

Figure A2-1 : *Energies de gap E_+ et E_- de GaAs$_{0.9-x}$Sb$_{0.1}$N$_x$ (x = 0.0, 0.03, 0.65, 1.06, 1.45 et 1.90%) calculées en utilisant le modèle d'anticroisement de bandes (BAC).*

Le terme ($V.\sqrt{x}$) représente l'élément de matrice qui décrit le couplage entre l'état localisé azote E^N et les états de bande étendus de GaAs.

E_0 : énergie de gap de GaAs, de GaAs$_{0.933}$Sb$_{0.067}$ et de GaAs$_{0.9}$Sb$_{0.1}$ dans notre cas.

$$E_0(\text{GaAs}_{0.933}\text{Sb}_{0.067}) = 1.290 \text{ eV}$$
$$E_0(\text{GaAs}_{0.9}\text{Sb}_{0.1}) = 1.246 \text{ eV}.$$

II. Effet de la contrainte due à l'azote sur E_0 :

L'énergie de bande interdite d'un matériau semiconducteur dépend de son état de contrainte, comme le montre la figure A2-2. Dans le cas couches sur un substrat, la contrainte biaxiale et le tenseur des contraintes peut toujours se décomposer selon une composante hydrostatique (soit qui diminue l'énergie de bande interdite dans le cas d'une tension, soit qui l'augmente dans le cas d'une compression) et une composante uniaxiale ou tétragonale (qui a pour effet de lever la dégénérescence des trous lourds et trous légers du haut de la bande de valence).

La couche de $GaAs_{1-x-y}Sb_yN_x$ élaborée sur GaAs, est contrainte en compression. Dans notre calcul, nous définissons les énergies de gap contraint $E_0(GaAs_{1-x-y}Sb_yN_x)_c$ et non contraint $E_0(GaAs_{1-x-y}Sb_yN_x)_{nc}$. Ces énergies sont déterminées en tenant compte de la contrainte hydrostatique E_H et tétragonale (uniaxiale) E_S.

L'énergie de gap contraint est donnée par [3, 4] :

$$E_0(GaAs_{1-x-y}Sb_yN_x)_c = E_0(GaAs_{1-x-y}Sb_yN_x)_{nc} + \delta E_H + \delta E_S + \Delta$$

où

$$\Delta = -1.5 E_s + 0.5 \Delta_0 (1 - \sqrt{1 + 2 E_s / \Delta_0 + 9 E_s^2 / \Delta_0^2})$$

avec Δ_0 est l'énergie de spin-orbite en centre de zone Γ.

$$\delta E_H = (2a\,(C_{11} - C_{12})/C_{11})\,\varepsilon_\perp$$

$$\delta E_S = (-b(C_{11} + 2C_{12})/C_{11})\,\varepsilon_\perp$$

où a (noté aussi D_1^1 aux Chapitres IV et V) et b étant respectivement les potentiels de déformation hydrostatique et tétragonale (selon la direction (001)) du matériau $GaAs_{1-x-y}Sb_yN_x$ calculés par interpolation linéaire d'après ceux des matériaux parents GaAs, GaSb et GaN. C_{11} et C_{12} sont les constantes d'élasticité, calculées aussi par interpolation linéaire. $\varepsilon_\perp$ est la contrainte perpendiculaire au plan de croissance.

Il est à noter que dans nos échantillons, l'épaisseur de la couche active ($GaAs_{1-x}N_x$, $GaAs_{1-x}Sb_x$, $GaAs_{1-x-y}Sb_yN_x$) est inférieure à l'épaisseur critique correspondante pour chaque alliage (quelques centaines de nanomètres), ce qui justifie le calcul de contraintes que nous avons effectué tout au long de ce travail.

En utilisant le modèle (BAC) et l'effet de contrainte sur le matériau $GaAs_{1-x-y}Sb_yN_x$, le calcul est effectué selon le schéma suivant :

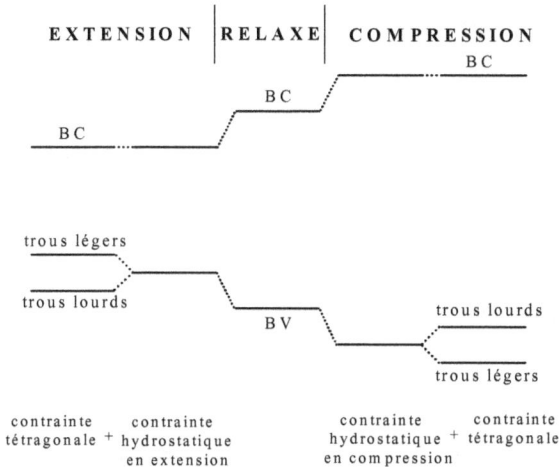

$$(GaAsSb) + N \xrightarrow{\;BAC\;} (GaAsSbN)_{nc} \xrightarrow{\;Effet\ de\ la\ contrainte\;} (GaAsSbN)_c$$

Figure A2-2 : *Evolution de l'énergie de bande interdite en fonction de l'état de contrainte d'une couche déposée sur un substrat.*

Il est connu que dans une couche de GaAsN contenant 1% d'azote, la contrainte en tension introduite par l'azote diminue l'énergie du gap de 25 meV [5]. Cette contribution disparaît si la couche est relaxée. Dans ce qui suit, nous présentons les résultats de calcul de contraintes en centre de zone élaboré pour les couches de $GaAs_{1-x}N_x$ (0.1, 0.5 et 1.5%), nous avons introduit pour comparer le résultat relatif à 1%. Puis, nous avons étudié l'effet de l'azote sur les couches de $GaAs_{0.9-x}Sb_{0.1}N_x$ (x = 0.0, 0.03, 0.65, 1.06, 1.45 et 1.90%). Les décalages des énergies de gap E. dus à la contrainte introduite par l'azote sont données sur les tableaux A2-1 et A2-2. Il est intéressant de noter que le décalage introduit par l'azote est comparable dans GaAsN ou GaAsSbN.

	x =0.00%	x =0.1 %	x =0.5 %	x =1.0 %	x =1.5 %
Décalage (meV)	-	2.5	12.8	25.7	38.7

Tableau A2-1 : *Décalages des énergies de gap E. dus à la contrainte introduite par l'azote des couches de GaAs$_{1-x}$N$_x$.*

	x =0.00%	x =0.03 %	x =0.65 %	x =1.06 %	x =1.45 %	x =1.90 %
Décalage (meV)	-	0.7	15.6	25.6	35.2	46.3

Tableau A2-2 : *Décalages des énergies de gap E. dus à la contrainte introduite par l'azote des couches de GaAs$_{0.9-x}$Sb$_{0.1}$N$_x$.*

Références

[1] W. Shan, W. Walukiewicz, J. W. Ager III, E. E. Haller, J. F. Geisz, D. J. Friedman, J. M. Olson, and S. R. Kurtz, Physical Review Letters 82, 1221 (1999).

[2] Nebiha Ben Sedrine, Master (2006).

[3] C. Priester, G. Alla, and M. Lannoo, Phys. Rev. B, 37, 14, 8519 (1988).

[4] F. H. Pollak, Mat. Res. Soc. Symp. Proc., 405, 3 (1996).

[5] R. Chtourou, F. Bousbih, S. Ben Bouzid and F. F. Charfi, Appl. Phys. Lett., 80, 2075 (2002).